AF474113

S

# HISTOIRE

PHILOSOPHIQUE

# DE LA ZOOLOGIE GÉNÉRALE.

Paris. — Imprimerie PANCKOUCKE, rue des Poitevins, n° 14.

# HISTOIRE PHILOSOPHIQUE

DES PROGRÈS

# DE LA ZOOLOGIE GÉNÉRALE

DEPUIS L'ANTIQUITÉ JUSQU'A NOS JOURS [1]

PAR VICTOR MEUNIER

PROFESSEUR D'ANATOMIE ET DE PHYSIOLOGIE COMPARÉES

La Philosophie s'est faite savante, que la Science se fasse donc philosophe.

(Tome I^er^, page 281.)

---

## *SPECIMEN.*

Nous choisissons de préférence le morceau suivant de l'ouvrage de M. Victor Meunier, parce qu'il a déjà été inséré dans une feuille périodique. L'auteur, après avoir parlé de la lutte mémorable dont Buffon et Linné ont donné l'exemple dans le courant du XVIII^e^ siècle, s'efforce de montrer dans la division qui éclate plus tard entre Geoffroy Saint Hilaire et Cuvier la reproduction exacte du même fait. Voici ce fragment :

« A l'époque où s'ouvre la révolution française, dit M. Victor Meunier, deux hommes se trouvent en face, qui vont reproduire entre eux la lutte des deux grands naturalistes du XVIII^e^ siècle. Les mêmes tendances vont se manifester, les mêmes principes vont se trouver en présence.

« Comme Linné et Buffon, ces deux hommes vont être la per-

[1] Ouvrage en quatre volumes in-8°.

sonnification de deux écoles opposées, des deux mêmes écoles qui ont déjà divisé les naturalistes. L'un sera le représentant de cette classe nombreuse de zoologistes qui se restreignent obstinément à l'accomplissement d'une œuvre de description et de classification; l'autre, n'ayant d'ancêtres que Buffon, mais fier d'une telle parenté, et rempli d'une inébranlable conviction, s'efforcera de lancer l'humanité dans la recherche des rapports et des causes secondes. Le premier, tout en les perfectionnant, retiendra les sciences dans la route du passé; l'autre entrera seul d'abord, et, comme le fit Buffon, dans une route frayée par lui : celui-là offrira, comme le but définitif de l'ambition des naturalistes la réalisation d'un programme trop fameux, résumé par ces trois mots : *classer, décrire* et *nommer;* celui-ci répondra par la découverte d'une multitude de *rapports :* le premier s'attachera surtout à perfectionner l'œuvre de Linné; celui-là fécondera dignement l'œuvre de Buffon, par l'invention de la LOI UNIVERSELLE. L'un s'appellera Georges Cuvier, l'autre Geoffroy Saint-Hilaire!

« Ainsi, à moins d'un siècle de distance, se trouve reproduite cette lutte dont la philosophie devra désormais tenir compte, car ce n'est point là un fait individuel, c'est un fait humanitaire; il n'y a point seulement là les éléments d'une biographie curieuse; dans ces deux hommes se trouve toute la science, son passé, son présent, son avenir, et dans un parallélisme dont l'exactitude confond l'imagination, il y a autre chose qu'un simple effet du hasard : là est la reproduction de cette lutte qui, à toutes les époques du développement de l'humanité, a divisé les hommes en deux camps : Cuvier d'une part, Geoffroy Saint-Hilaire de l'autre, en sont, ainsi que le furent Linné et Buffon, les représentants et comme les champions!

« Nulle part, en effet, un parallélisme plus frappant ne se montre dans l'histoire de l'humanité. Le mot parallélisme même est impuissant à donner une idée de ce fait; c'est une reproduction exacte des mêmes hommes et des mêmes principes. Comme Linné, Cuvier se montre, dès son début et dans toute sa carrière scientifique, observateur patient et sagace; comme Linné, Cuvier possède à un haut degré l'intelligence des rapports naturels des êtres; comme l'auteur du *Systema naturæ*, l'auteur du *Règne animal* consacre sa vie presque entière à remanier, à compléter, à perfectionner la classification zoologique; mais telle était la puissance de génie du précurseur de Cuvier, que celui-ci, après plusieurs remaniements successifs des classifications de ce maître, en revint, en quelque sorte, fatalement à adopter, sur une foule de points, les distributions que celui-ci avait établies [1].

« Ainsi que Buffon, au contraire, l'illustre rival de Cuvier se caractérise par sa tendance à généraliser les faits; Geoffroy Saint-Hilaire quitte de bonne heure l'œuvre de description qu'avait dédaignée Buffon; comme Buffon, et à un plus haut degré que lui, par suite du progrès des sciences, il a, en même temps que l'intelligence exacte des faits particuliers, une intelligence non moins grande de leurs rapports; comme à celui-ci, souvent quelques faits isolés, restreints, mesquins même, en apparence, lui suffisent pour fonder les plus larges théories; les plus brillantes synthèses jaillissent d'observations incomplètes et considérées comme sans portée, et, de même que la postérité a confirmé les hautes vues de Buffon, une postérité, prompte à se lever à la voix de notre grand chef d'école, a déjà sanctionné les inspirations de son génie. De même que, de la contemplation des choses les plus vulgaires, Buffon s'élève aux plus hautes conceptions, c'est de l'examen d'objets qui, mille fois, ont passé sous les yeux des naturalistes, c'est de l'observation des êtres qui nous entourent, que Geoffroy Saint-Hilaire déduit ses puissantes doctrines [2]. Comme Buffon, et bien qu'il possède à un suprême degré l'usage des moyens d'investigation qui, jusqu'à lui, ont été plus particulièrement employés dans les sciences dont il s'occupe, l'induction, l'analogie, sont les armes puissantes dont il se sert préférablement; armes dangereuses dans des mains inexpérimentées, et que les forts seuls emploient avec bonheur. Comme Buffon, enfin, il semble craindre que la mort vienne avant qu'il ait eu le temps de jeter dans le monde les révélations qui ont été posées en lui, et, parcourant d'un vol rapide le champ de toutes les connaissances naturelles, il ne s'arrête sur chacune d'elles que pour en poser les premiers principes, laissant à d'autres à en tirer les conséquences : il place ainsi la première pierre, les fondements de l'édifice que l'avenir construira.

« Comme Linné, qui avait écrit le *Systema naturæ*, Cuvier a écrit le *Règne animal*. Comme l'auteur de l'*Histoire naturelle générale et*

[1] Cette observation, due à Isidore Geoffroy Saint-Hilaire, a été mentionnée par lui dans son savant et brillant article : *Considérations générales sur les sciences naturelles* (*Revue des deux mondes*, 1er avril 1837).

[2] Je me suis procuré les principaux objets de mes études dans une campagne, à seize lieues de Paris, où je ne pouvais disposer que de choses qui se trouvent absolument partout. (G. S.-H., *Philosophie anatomique.*)

*particulière*, Geoffroy Saint-Hilaire a jeté dans le monde la *Philosophie anatomique* et la *Loi universelle*.

« Enfin, et comme pour que la ressemblence fût plus parfaite, la destinée des œuvres de ces grands hommes aura été la même; comme ceux de Linné, les travaux de Cuvier auront été immédiatement acceptés par ses contemporains, Geoffroy Saint-Hilaire aura dû, comme Buffon, attendre longtemps que justice lui fût rendue; mais la justice, pour avoir été tardive, n'aura été aussi que plus éclatante [1].

« Mais, il faut le dire, s'il était de notre sujet d'entrer dans le détail de la vie privée des hommes dont nous aurons à étudier les travaux, l'analogie nous abandonnerait. Le disciple de l'apprenti cordonnier Linné hérite des distinctions sociales dont Buffon fut entouré, et celui dans lequel Buffon se serait vu renaître se complaît dans une laborieuse solitude, et mène la vie austère du législateur d'Upsal. Loin de nous la pensée de pénétrer indiscrètement dans un champ qui doit être clos pour l'historien de la science, et si les lignes qui précèdent ont échappé à notre plume, c'est que nous regrettons amèrement qu'un temps, qui pouvait être si fructueusement employé par l'auteur des *Ossements fossiles*, ait été consacré aux stériles discussions du conseil d'État. Ici les regrets sont d'un ami vrai de la science. Pendant trente années, ainsi que le remarque le célèbre publiciste J. Reynaud [2], Cuvier a annoncé au monde un traité d'anatomie comparée qui devait être, en quelque sorte, le couronnement de tous ses travaux, et la mort est venue avant qu'il ait pu revoir une portion restreinte de cet immense ouvrage. Si, au contraire, nous nous plaisons à parler de l'éloignement que Geoffroy Saint-Hilaire manifesta constamment pour les honneurs politiques dont on voulut plusieurs fois le revêtir, c'est qu'à défaut d'autres titres (mais il en

[1] Grâce à une heureuse indiscrétion, une lettre adressée confidentiellement à Geoffroy Saint-Hilaire, ayant été insérée, à l'insu de ce savant, dans l'excellent ouvrage de MM. Martin-Saint-Ange et Grimaud de Caux, *la Génération de l'homme*, le public est en droit d'espérer que l'admirable plume qui a écrit *Lélia*, concourra un jour pour une part que tant de chefs-d'œuvre nous permettent d'apprécier, c'est-à-dire de la manière la plus puissante, à la vulgarisation des grandes idées de notre chef d'école. C'est un engagement que Georges Sand a pris vis-à-vis de lui-même et vis-à-vis de son siècle, et, sans doute, le digne défenseur de Lamennais n'essayera pas plus de s'y soustraire que n'en perdront le souvenir les admirateurs de son magnifique talent.

[2] Dans son savant article Cuvier (*Encyclopédie nouvelle*, vingt-neuvième livraison; *Dictionnaire* publié sous sa direction et celle du profond philosophe Pierre Leroux.

est qui parlent plus haut encore que ce désintéressement), cet éloignement témoignerait hautement d'un amour pur et vrai de la science. Après avoir rempli les fonctions de député pendant l'époque mémorable des Cent jours, Geoffroy Saint-Hilaire ne fit, sous le règne des Bourbons, aucun effort pour reparaître à la Chambre [1]. A son retour d'Égypte, Napoléon, qui, dans cette immortelle expédition d'Orient, avait su apprécier Geoffroy Saint-Hilaire, et qui, peut-être, avait deviné en lui l'homme qui devait si admirablement féconder les vagues pensées de son jeune âge [2], Napoléon voulait élever l'illustre savant au rang de préfet; mais celui qui avait à écrire la *Philosophie anatomique* et à proclamer la *loi universelle* jugea que ce serait descendre. Il ambitionna une gloire plus grande, ce fut de marcher, en l'élargissant, dans la route ouverte par Buffon, et de recevoir les dernières bénédictions du plus grand génie de l'Allemagne : glorieuse anticipation sur les saluts de la postérité [3]! »

Qu'on nous pardonne ces détails, si on les considère comme une digression. Nous nous plaisons à rendre hommage à l'une des gloires les plus pures dont s'honorera l'histoire des sciences; aussi n'aban-

[1] « Je ne pouvais me plaire et me tenir aux fonctions de député, disait-il en 1831, aux électeurs du collége d'Étampes, ses anciens commettants de 1815, en se présentant devant eux, que pendant la lutte, et tant qu'il était question d'organiser la France pour la liberté, de défendre l'indépendance nationale. A chacun sa position, suivant les temps. Je retournerai à la culture des sciences, autre manière, pour moi et selon moi, de se rendre utile à la société, même dans l'intérêt de la législation; car des études philosophiques n'entraînent point la pensée dans plus d'étendue sans ajouter au domaine de l'esprit humain, et sans que ce peu de savoir de plus ne devienne un germe et ne soit la source d'un perfectionnement moral. » (Art. G. S.-H., *Biographie des hommes du jour*, tome II, 2^e^ partie.) Cet article a été réimprimé parmi les *Fragments biographiques* qui font suite aux *Notions synthétiques, historiques et physiologiques de philosophie naturelle* de Geoffroy Saint-Hilaire. Ces deux ouvrages si remarquables, et dont l'un (*Notions synthétiques*) a marqué, par son apparition, une phase nouvelle dans l'histoire des sciences naturelles, se trouvent chez le libraire-éditeur Pillot, rue Saint-Martin, 173.

[2] Napoléon, enfant de quinze ans, rêva une illustration égale à celle de Newton. Newton avait donné des lois au monde astronomique, Napoléon ambitionna la gloire de découvrir celles qui président *au monde des détails*. Ce grand mérite échut à Geoffroy Saint-Hilaire *Voyez*, pour de plus amples renseignements à ce sujet, l'Introduction à l'ouvrage cité dans la note précédente, et le chapitre que nous avons consacré dans cette histoire à l'exposition de la LOI UNIVERSELLE.

[3] Lors de la célèbre discussion de principes qui s'engagea en 1830 entre G. Cuvier et Geoffroy Saint-Hilaire, Gœthe, dans deux longs et savants articles, prit parti pour le défenseur des doctrines progressives, et le proclama un *philosophe de la nature*. « Que n'ai-je encore quelques années de vie! s'écriait ce grand homme : j'ai un volume in-4° à produire dans ce grand intérêt philosophique! » Ce furent, dit Geoffroy Saint-Hilaire, les dernières paroles de ce maître.

donnerons-nous pas ce sujet sans mentionner un fait qui a frappé bien douloureusement tous les vrais amis de la science.

Un homme s'est rencontré, qu'à l'âge de vingt et un ans, la Convention nationale revêtit du titre et des fonctions de professeur d'histoire naturelle, dans un établissement qui devait plus tard devenir l'un des plus beaux ornements de la capitale de la France, je dirais même l'une des gloires du monde. Celui qui était ainsi promu tout à coup au rang de professeur de zoologie, ignorait complétement les éléments de la science qu'il devait enseigner; jusque-là, il ne s'était occupé que de minéralogie : aussi voulut-il décliner sa compétence; mais un savant célèbre se trouvait près de lui : ce savant avait connu Buffon, c'était son collaborateur, c'était Daubenton; il devait se connaître en grands hommes. Il arrêta le refus sur les lèvres de son disciple chéri. « J'ai sur vous l'autorité d'un père, lui dit-il, et je prends sur moi la responsabilité de l'événement. Nul n'a encore enseigné à Paris la zoologie; tout est à créer. Osez entreprendre, et faites que, dans vingt ans, on puisse dire : « La zoologie est une science, et une science toute française. » Le jeune savant eut à cœur de réaliser les souhaits de son maître. Pendant quarante-cinq ans, zoologiste de par la révolution (comme cette autre célébrité, le grand Lamarck), il illustra la chaire à laquelle il avait été nommé, ses découvertes furent presque toutes fondamentales, ses publications sans nombre; par lui, le champ de la zoologie s'élargit chaque jour, et il eut la gloire de faire, d'une science jusque-là purement descriptive, une science philosophique. Des principes nouveaux et fondamentaux furent par lui proclamés; avec une conviction et un courage semblables à la profondeur de vues qu'il avait fallu pour les découvrir, il les défendit contre les attaques de tous; seul sur la brèche, il lutta, sans perdre un instant courage, et cependant, quand les objections manquèrent à ses adversaires, ce fut leurs sarcasmes qu'il eut à essuyer. Amant de la solitude, et sans autre ambition que celle de la gloire, les dignités scientifiques vinrent au-devant de lui; son nom fut populaire, en France, en Europe, partout où sont des hommes qui cultivent les sciences. Or, quand, après quarante-cinq années de travaux et de luttes incessantes, cet homme illustre, ce savant vénérable, cet apôtre intrépide de la vérité songeait à prendre un moment de repos, la persécution vint l'atteindre au fond de sa solitude; on n'avait pu atténuer sa gloire, on outragea sa vieillesse : c'était le coup de pied de l'âne; mais, pour partir d'aussi bas, l'injure n'en était que plus éclatante. Pendant quarante-cinq ans il avait rempli les fonctions de directeur de la ménagerie; on lui retire brutalement, sans respect pour son âge, sans souvenir des services qu'il a rendus, et sa place, et son titre. Or, sous la restauration, cet homme avait eu à lutter contre la persécution que souleva contre lui la franchise de ses doctrines; il avait été mis à l'index de la police, et des journaux avaient accepté l'infâme mission de ternir l'éclat de la vie scientifique la plus pure; cet homme avait écrit la *Philosophie anatomique*, découvert la *loi universelle*; mais, il y a plus, il avait fondé, au sein de la terreur, et en exposant peut-être sa vie pour ce résultat, la ménagerie, dont on lui ôtait la direction [1]. Nous avons nommé Geoffroy Saint-Hilaire.

Celui qu'on persécutait ainsi avait, nous l'avons déjà dit, lutté seul, sans jamais sentir sa conviction ni son courage faiblir contre d'innombrables antagonistes; il avait méprisé les persécutions d'un gouvernement trop faible pour n'être point ombrageux; au sein de l'une des crises les plus terribles de la révolution, il avait vingt fois compromis sa vie pour arracher à la hache révolutionnaire des prêtres qui gémissaient dans les cachots de septembre; durant le terrible siége d'Alexandrie, examinant des poissons électriques, sans que tout le tracas et les dangers d'un siége pussent un instant le distraire de son étude, il avait découvert la *loi universelle*. Assumant sur lui la responsabilité d'une négociation dans laquelle tous avaient échoué, il avait arraché alors à l'avidité des Anglais les immenses et inappréciables collections qui servirent depuis à composer le grand ouvrage sur l'Égypte, seul monument de cette mémorable expédition [2], sa noble indignation avait fait sur l'état-major ennemi rassemblé une impression que n'avaient pu produire les autorités militaires. Plus tard, à Lisbonne, et toujours

[1] Un article plein d'intérêt, raconte les curieuses circonstances dans lesquelles fut fondée la ménagerie; cet article, inséré d'abord dans le *Magasin pittoresque*, a été réimprimé parmi les *Documents biographiques* (ouvrage cité plus haut). Un homme de bien, un habile graveur, M. Dantzell, plein des sentiments d'admiration que ses compatriotes, les Lyonnais, ont voués à l'illustre Geoffroy Saint-Hilaire, s'est fait un devoir de mentionner sur le revers de la médaille où son burin avait reproduit les traits de ce savant, d'après le buste que M. Legendre-Hérald avait sculpté à la demande de la seconde ville de France, son titre de fondateur de la ménagerie du Jardin-du-Roi.

[2] Les *Victoires et Conquêtes*, ouvrage dont la publication est due au fidèle et élégant traducteur de Tacite, l'éditeur C.-L.-F. Panckoucke, ont mentionné cet intéressant et glorieux épisode de l'expédition d'Égypte.

en face des Anglais, dans des circonstances non moins glorieuses pour lui, il avait encore donné les preuves d'une même intrépidité; eh bien! une lâche intrigue menaça un moment d'anéantir son courage; la santé de Geoffroy Saint-Hilaire fut gravement compromise, et long-temps les sciences eurent à redouter la perte de l'une de leurs plus grandes illustrations. Ce n'est que sur la terre étrangère que l'une des gloires de la France put trouver un abri et des consolations.

Mais s'il n'y avait eu ici à constater qu'une injustice du pouvoir, nous ne nous y serions pas arrêté. Ce fait touche de plus près à notre sujet.

Quel est celui au profit duquel fut commise l'injustice dont Geoffroy Saint-Hilaire faillit être victime? Qu'on nous permette de reprendre d'un peu plus haut.

En 1794, Geoffroy Saint-Hilaire remplissait, ainsi que nous l'avons dit, les fonctions de professeur de zoologie au Muséum d'histoire naturelle. Pendant que le jeune professeur occupait une position si favorable pour l'étude, un autre savant, plus âgé que lui de quelques années seulement, vivait ignoré au fond de la Normandie. Dépourvu du secours puissant des bibliothèques et des collections, le jeune homme qui remplissait les modestes fonctions de précepteur dans une riche famille, avait cependant, par une étude constante de la nature, étude que lui rendait facile le voisinage de la mer, acquis une science immense : les êtres les moins connus des naturalistes, ceux dont l'organisation était pour tous encore un mystère, c'était eux qu'il avait pris pour l'objet spécial de ses observations; mais, seul confident de son savoir, il fallait, en quelque sorte, un miracle, pour que le naturaliste fût révélé au monde. Par bonheur quelques-uns de ses essais sont remis à Geoffroy Saint-Hilaire, avec recommandation d'en prendre connaissance. Le professeur les lit, est frappé du talent d'observation, de l'exactitude des vues, de la perfection du travail qu'il a sous les yeux; dans ce précepteur, il devine le savant; dans l'esquisse qui lui est remise, il découvre le talent d'un grand naturaliste; peut-être pressent-il un rival dans l'auteur de cet essai; mais, trop grand pour que de mesquines considérations le retiennent, cédant à l'enthousiasme qu'il éprouve pour ce génie ignoré, *Venez*, lui écrit-il, *venez remplir parmi nous le rôle d'un autre Linné.* Cette phrase, comme celle de Daubenton, était une prophétie. Le jeune homme accourt. Geoffroy Saint-Hilaire ne reste point au-dessous du mouvement de générosité auquel il a cédé, il s'empresse de faire partager à son nouvel ami les avantages de la position dont il jouit, il met à ses ordres ses collections et ses livres; entre les deux savants l'intimité la plus étroite s'établit, leur vie devient commune : ils partagent la même table, les mêmes délassements, et leurs travaux sont signés de leurs deux noms. Le jeune homme qui doit toute sa fortune à Geoffroy Saint-Hilaire, c'est Georges Cuvier.

Ce dernier avait un frère qui se livrait à la profession d'horloger. Soit que la prompte fortune de son aîné excitât l'émulation de celui-ci, soit que tout à coup, comme plusieurs hommes célèbres dans les sciences et la philosophie nous en offrent l'exemple, des facultés nouvelles se révélassent spontanément en lui, et qu'il se sentît tout à coup porté vers les sciences naturelles, il voulut suivre la même carrière que Georges : Geoffroy Saint-Hilaire l'appelle à son tour, et partage avec lui ses attributions de chef de la ménagerie. Le nouveau collègue de Geoffroy Saint-Hilaire, c'est Frédéric Cuvier.

Dans la vie si remplie de Geoffroy Saint-Hilaire, une phase se présente comme plus agitée que les autres : c'est la mémorable discussion qu'il soutint à l'Académie des sciences en 1830. Cette lutte ferait à elle seule la gloire de Geoffroy Saint-Hilaire; mais elle fut la source de toutes les persécutions qui, plus tard, empoisonnèrent sa vie. Quand il eut réduit à sa valeur une argumentation de mauvaise foi, son adversaire employa l'ironie. L'adversaire fut Georges Cuvier !

La persécution la plus cruelle qu'éprouva Geoffroy Saint-Hilaire fut la brutale destitution qui vint l'atteindre en 1837. Le bénéficiaire de cette mesure fut Frédéric Cuvier !

Georges Cuvier mourut peu de temps après les mémorables débats de l'Académie des sciences.

Frédéric Cuvier mourut quelques mois après sa nomination.

Lors de la discussion que soutint Geoffroy Saint-Hilaire en 1830, Gœthe le proclama, au sein de l'Allemagne, un *philosophe de la nature*.

Quelques mois après sa destitution, Geoffroy Saint-Hilaire fut réintégré dans ses fonctions.

Je le répète, il y a là, pour ceux qui savent voir, une lutte de haute valeur. En 93, des énergumènes ne crurent pouvoir honorer la mémoire de Linné qu'en insultant à celle de Buffon. L'insulte fut toujours le baptême du génie !

L'illustre Gœthe, cette lumière de l'Allemagne, a exposé à ses concitoyens, dans deux articles très-détaillés, cette dispute mémorable [1]. « Ce grand homme, dit Geoffroy, prit la peine d'expliquer en philosophe, comme un fait nécessaire et tenant à la nature propre de leur esprit, la dissidence des sentiments des deux amis du Jardin-du-Roi. » Nous admettons volontiers comme un fait nécessaire cette grande lutte, dont le résultat immédiat fut une rupture définitive avec des méthodes désormais impuissantes, et le triomphe de doctrines fécondes et pleines d'avenir; mais, au nom de la morale que tout homme de bien porte écrite dans son cœur, nous ne pouvons nous empêcher de déplorer que le triomphe de la vérité n'ait pu se faire qu'au prix d'une reconnaissance que des bienfaits dont la postérité gardera le souvenir eût dû rendre immortelle. Aussi, en nous rappelant et ces faits, et la rupture si violente de ces deux amis « qui avaient vécu ensemble » (paroles de M. Geoffroy Saint-Hilaire), n'est-ce pas sans un véritable attendrissement que nous avons lu cette note placée, en 1818, par ce dernier au bas de l'une des pages de son immortel ouvrage, la *Philosophie anatomique*.

« La fortune, dans sa bizarrerie, a fait que je suis devenu le col-
« lègue de M. Haüy dans ses trois emplois, à l'Académie des
« sciences, au Jardin-du-Roi et à l'École normale; mais c'est ce que
« ma déférence pour ce savant si célèbre et si justement admiré
« de l'Europe n'a jamais pu admettre. Je respecte et j'honorerai
« toujours en lui mon premier maître, qui, de son propre mouve-
« ment, et par suite de son inépuisable bienveillance pour tous
« ceux qui ont eu le bonheur de l'approcher, voulut bien assurer
« mes premiers pas par ses conseils, et m'introduire, en me facili-
« tant l'étude de la minéralogie, dans la carrière des sciences na-
« turelles. »

Ceci est écrit par un homme arrivé au sommet de la hiérarchie scientifique, par l'auteur d'un immortel ouvrage, et dans cet ouvrage même, par le libérateur enfin de celui dont il se défend d'être jamais l'égal [2].

Comparez avec ce qui précède et jugez.

[1] Voyez *OEuvres d'histoire naturelle* de Gœthe, traduites de l'allemand par le savant docteur Martins, avec Atlas publié sous la direction du célèbre académicien Turpin.

[2] En 1793, Geoffroy Saint-Hilaire, âgé alors de vingt ans, et encore élève du collége Cardinal Lemoine, eut le bonheur d'arracher aux prisons, où il venait d'être jeté, son bon et savant maître, le vénérable Haüy.

Ce fragment d'un parallèle entre G. Cuvier et Geoffroy Saint-Hilaire avait déjà été publié, il y a quelques mois, dans un recueil périodique, et réimprimé ensuite comme spécimen de notre ouvrage. On ne saurait croire les tracasseries (le mot est modeste) qu'il nous a suscités. Nous savons maintenant comment nos adversaires entendent la dispute scientifique. O gens de parti, gens affectés de la jaunisse, vous verrez toujours tout jaune! Que Voltaire connaissait bien les gens de parti. « M. de Balzac, dit le même écrivain, eut de son vivant tant de réputation, qu'un nommé Goulu, général des feuillans, écrivit contre lui deux volumes d'injures. » Heureux Balzac! Il paraîtrait que notre brochure avait eu quelque retentissement, puisqu'elle a trouvé son Goulu. Dieu nous pardonne voilà l'orgueil qui nous gagne!

Sans doute, en de telles matières, c'est à la postérité seule qu'appartient le privilége de porter un jugement définitif. Mais ce privilége, quelque imposant qu'il soit, ne retire à personne le droit de formuler franchement son opinion sur les hommes et les choses: c'est le droit de chacun, et nul ne l'aliène sans crime. Nous avons usé de notre droit, et dans la suite de ce livre, comme dans tout autre, comme partout, nous prétendons, et de même, en user. L'homme de conscience ne relève que de ses pairs; à ce titre, il a beaucoup à récuser parmi ceux qui s'intitulent ses juges. Au reste, ce sont les récriminations mêmes qui ont accueilli notre brochure, qui nous ont engagé à en donner ici, par avance, une exacte réimpression, afin qu'on sache bien que nous marcherons inébranlablement dans la voie que nous nous sommes tracée, n'enviant d'autre prix que l'approbation de notre conscience (le premier de tous sans doute), et soutenu à l'occasion par cette maxime trop peu connue : *Non vis esse justus sine gloriâ; at me herculè sæpè justus esse debebis cum infamiâ!*

HISTOIRE PHILOSOPHIQUE

DES PROGRÈS

DE LA

# ZOOLOGIE GÉNÉRALE

DEPUIS L'ANTIQUITÉ JUSQU'A NOS JOURS


PAR VICTOR MEUNIER

PROFESSEUR D'ANATOMIE ET DE PHYSIOLOGIE COMPARÉES


La Philosophie s'est faite savante, que la Science se fasse donc philosophe.

(Tome I^er^, page 281.)

TOME PREMIER

Première partie

PARIS

CHEZ PAULIN, LIBRAIRE, RUE DE SEINE, 33

ET CHEZ L'AUTEUR, RUE DE BUFFON, 25

1840

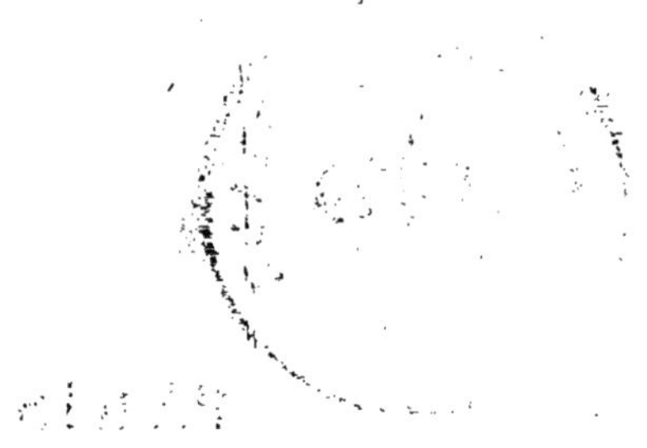

# A MON PÈRE.

Les dédicaces ne sont plus guère à l'ordre du jour, je le sais; comme de tout ce qui est de mode, l'usage en a passé : mais ce qui, grâce à Dieu, ne passe pas, ce sont les pieux sentiments que la nature a placés dans nos cœurs; ce qui sera éternel, c'est le besoin de les exprimer.

C'est à ce titre, c'est comme gage d'une reconnaissance sans bornes que je t'offre ce livre : hommage bien imparfait, sans doute, si ta bienveillance n'en accroissait le prix.

V. M.

# AU PUBLIC.

En entreprenant un travail d'une aussi immense étendue et de si haute portée, je ne m'en suis pas dissimulé les difficultés ; peut-être est-ce une tâche au-dessus de mes forces que je me suis imposée : c'est au public de juger. Pour moi, j'ai eu présente à l'esprit la devise que mon illustre maître Geoffroy Saint-Hilaire a mise en tête de la plus grande partie de ses ouvrages : *Utilitati*; et toute mon ambition sera satisfaite si l'on reconnait que je n'ai pas failli au sens de cette maxime.

L'époque est grande : elle réclame le concours de tous ; nuls services ne sont à dédaigner ; les plus humbles même ont leur prix. Je ne demande pour mon œuvre d'autre place que celle à laquelle ces derniers peuvent prétendre ; car je ne mesure mes droits qu'à ce que j'ai accompli, non à ce que j'aurais désiré accomplir.

Il m'a semblé que, dans le magnifique mouvement intellectuel qui s'opère en ce moment, la science était appelée à jouer un grand rôle. La zoologie, comme prise au milieu du développement des choses naturelles, offre un intérêt plus grand encore peut-être que toutes les autres sciences ; car, soumise aux lois de la physique générale, elle la résume toute, en même temps qu'elle est le point de départ de l'histoire sociale, ou ANTHROPOLOGIE HISTORIQUE, nom que, suivant moi, il faudra dorénavant appliquer à cette branche de nos connaissances.

Mais, pour rendre évidente cette proposition, il fallait que la zoologie devînt en même temps populaire et philosophique : populaire à force de clarté et en se débarrassant de ce formidable appareil de terminologie créé comme pour rebuter les néophytes ; philosophique en passant de l'analyse, de l'observation et de la description des faits à leur interprétation et à leur systématisation.

Certes, ainsi posé, le problème était vaste; car il ne s'agissait de rien moins que de rallier à l'entour d'un centre commun les faits innombrables de vingt sciences diverses (zoölogie proprement dite, anatomie comparée, anatomie philosophique, ovologie, embryogénie, tératologie, etc., etc.), des travaux immenses écrits dans une multitude de langues, des opinions souvent contradictoires; et, en rendant manifestes l'alliance mutuelle et la solidarité de ces faits, de leur restituer enfin l'importance dont il est passé en mode de les déshériter. Toutefois, j'ai voulu aller au delà, c'est-à-dire montrer que la zoologie est destinée pour une large part à servir de fondements à la science générale, universelle, à la réalisation de laquelle tend évidemment notre époque.

Mais passer en revue les travaux d'une foule d'auteurs contemporains, c'était, tout en employant le langage dont ne doit point s'écarter celui qui traite de l'histoire de la science, s'exposer à blesser bien des susceptibilités; proposer l'histoire naturelle comme le point de départ de l'histoire sociale, c'était aussi, en se rapprochant de doctrines si souvent anathématisées, réveiller bien de vieilles haines, je le sais; néanmoins, confiant dans la sagacité du public, seul juge, suivant moi, de ces matières, j'attendrai que le temps ait décidé entre nous et nos adversaires.

Paris, 12 mai 1839.

# HISTOIRE PHILOSOPHIQUE

DES PROGRÈS

DE LA

# ZOOLOGIE GÉNÉRALE

DEPUIS L'ANTIQUITÉ JUSQU'A NOS JOURS.

## DISCOURS PRÉLIMINAIRE.

DE LA NÉCESSITÉ DE LANCER LES ÉTUDES ZOOLOGIQUES DANS UNE VOIE SYNTHÉTIQUE, POUR EN FAIRE ENSUITE LE POINT DE DÉPART DE LA PHILOSOPHIE ET DE L'HISTOIRE.

### I

L'époque à laquelle nous sommes arrivés marquera incontestablement parmi les principales phases du développement de l'humanité. S'appuyant sur une tradition qui bientôt remontera jusqu'aux temps les plus reculés de l'histoire de l'Inde, ouverte par une révolution qui régénérera le monde, et dont elle a accepté l'héritage, riche d'une immensité de travaux qu'elle a vus naître, pleine de confiance en elle-même, moins grande peut-être enfin par ce qu'elle a fait que par ce qu'elle ose rêver, elle accomplira infailliblement de grandes et d'impérissables choses, dût-elle même s'en tenir à poser les bases du monument indestructible que l'avenir construira. Aussi, quiconque, suivant avec attention le déroulement magique de l'histoire, a senti pénétrer dans son âme cette foi dans l'avenir, qui est devenue le caractère dominant et comme le cachet de l'école philosophique contemporaine, celui-là, pénétré de la grandeur de la mission qu'est appelée à remplir son époque, se sent fier d'appartenir à un siècle marqué pour d'aussi hautes destinées!

L'histoire ne nous offre nulle part, en

effet, un spectacle plus magnifique que celui du développement intellectuel qui s'opère autour de nous : tandis qu'autrefois la science était, pour ainsi dire, la propriété de quelques privilégiés, aujourd'hui elle pénètre, s'incruste dans les masses, et, sans distinction de rangs, convie tous les hommes à son banquet; grâce à de puissants vulgarisateurs, qui marchent dans la science avec la double recommandation d'un savoir immense et d'une admirable lucidité; vulgarisateurs à la tête desquels se place le secrétaire perpétuel de l'Académie des sciences, le directeur de l'Observatoire royal, le professeur d'astronomie chargé, par le Bureau des longitudes, de répandre dans le public les secrets d'une science qu'il a su rendre accessible à toutes les intelligences; Arago enfin, qui, passant alternativement de la chaire à la tribune, est partout supérieur, soit qu'il concoure aux progrès intellectuels de l'humanité, soit qu'il prête à la défense des intérêts matériels du peuple le secours de sa parole puissante. Tandis qu'autrefois la science était, en quelque sorte, confinée dans les bornes d'une nation, d'une cité, d'une caste même : remplis d'une noble émulation, tous les peuples de l'Europe civilisée se consacrent à l'envi à son agrandissement et à ses progrès; placés hostilement, pour la plupart, vis-à-vis l'un de l'autre, on les voit cependant communier tous franchement dans les mêmes doctrines: la science se répandant sur le sol comme un vaste réseau, jette entre eux les fondements d'une société cosmopolite qui, inaccessible aux passions du moment, ne reconnaît d'autres frontières que les bornes de la pensée. Tandis que les siècles passés sont caractérisés par le développement d'une branche spéciale des connaissances humaines, soit par les sciences d'observation, soit par les études philosophiques, soit par les tendances artistiques, le caractère dominant de notre époque consiste essentiellement dans le développement simultané de toutes ces connaissances diverses. Enfin, pendant qu'à chacune des périodes du développement de l'humanité, tel moyen d'investigation fut plus particulièrement d'usage dans les sciences, comme le raisonnement au temps glorieux de la philosophie antique; comme la tradition, quand au moyen âge, avant de s'élancer dans la voie des découvertes, on en vint à interroger le passé, grâce à la profonde intelligence et à l'admirable sagacité d'un moine qui, prévoyant déjà les magnificences que l'avenir verra naître, et posant à l'avance les fondements de la science moderne, reconnaît toutefois la nécessité de faire la somme de tous les travaux antérieurs avant de se lancer dans de nouvelles recherches; comme le libre examen, quand le colosse de la philosophie moderne, Descartes, les temps de la tradition étant accomplis, s'en vint, secouant hardiment le joug du préjugé et de la routine, rompant avec un passé désormais sterile, s'affranchissant hautement de l'autorité exagérée d'un grand nom, lancer l'humanité dans des routes nouvelles, et réhabiliter, pour ainsi dire, l'esprit humain par la publication de la *Méthode*, livre d'une hardiesse prodigieuse pour l'époque où il parut, et qui, à l'art de disputer qu'enseigne l'école et que cultive la scolastique, substitue définitivement l'art bien supérieur de *conduire son esprit dans les sciences ;* comme enfin décidément l'expérience déjà proclamée trois siècles auparavant par Roger Bacon, et la voie d'induction sous l'influence et l'autorité du chancelier d'Angleterre; tandis, dis-je, qu'à ces différentes époques, chacun de ces moyens d'investigation fut presque exclusivement employé, on les voit aujourd'hui contracter entre eux une alliance intime, et concourir tous ensemble aux progrès de la raison humaine.

Ainsi donc, une tendance nouvelle, ou

plutôt une tendance résultant du concours de toutes celles qui, antérieurement, se sont partagé l'esprit humain, se manifeste maintenant : l'impulsion est donnée; des esprits éminents se sont élancés dans cette route déjà largement frayée : aussi, quel magnifique spectacle pour quiconque a foi dans les destinées de l'homme! Un champ nouveau, inexploré, où de glorieuses et d'immortelles palmes sont à recueillir, s'ouvrant tout à coup devant l'humanité; une ardeur, des connaissances proportionnées aux difficultés de la voie qu'il s'agit de parcourir; des masses entières spectatrices de cette course glorieuse (car dans tous les rangs de la société chacun se préoccupe avec anxiété, avec intelligence, des questions, des théories, des systèmes sociaux scientifiques et religieux récemment proclamés); les sciences, sous la vigoureuse impulsion que leur imprime de puissants génies, promettant de réaliser des progrès inconnus aux siècles passés;

et tendant enfin à se réunir en un sublime faisceau, en une seule loi, la loi de l'univers, l'unité!

---

## II

Certes, s'il est vrai que le degré de connaissances auquel une société est arrivée donne la mesure de son bonheur, nulle encore, en apparence, n'aurait joui d'une aussi grande prospérité que la nôtre. Hélas! ce n'est là qu'une trompeuse apparence. Quels que soient les magnifiques travaux dont les sciences se sont récemment enrichies, le caractère de notre époque consiste bien plutôt dans ses tendances que dans les choses mêmes qu'elle a accomplies : tendances perceptibles seulement pour les âmes fortes; pour ceux chez lesquels la chair n'a point tué l'esprit, et qui de la mer de fange de notre époque

*

sont sortis sans trop de souillures, et sans laisser tomber les plus belles plumes de leurs ailes! Tant de matériaux, en effet, sont jusqu'à présent restés sans emploi; ils gisent épars sur le sol jusqu'à ce qu'aux accents de la lyre d'un nouvel Orphée, ils se superposent et se placent dans leurs rapports naturels! Il y a là tous les éléments d'une foi future, mais l'éclair n'a pas encore lui! Dieu n'a pas prononcé le *Fiat lux* qui, de ce chaos, fera jaillir la vie et transformera la poussière en une éclatante lumière! Aussi, au lieu de cette prétendue félicité, quel tableau affligeant se présente à nos regards : élevant incessamment une énergique protestation contre l'incurie de ceux qui, croyant voir dans les innombrables matériaux réunis par notre siècle, non point les éléments d'une science à faire, d'une science universelle, vraiment encyclopédique, dont la venue est prochaine, et qui sera durable, mais une science déjà faite, ou qui, du moins, ne devra plus s'enrichir que de quelques découvertes partielles, recherchent vainement à l'entour d'eux les traces de l'influence salutaire qu'exerce nécessairement sur la masse des esprits toute connaissance réelle. Et sans parler de la guerre civile devenue permanente; de la misère qui ronge jusqu'aux os nos populations; des registres de la Morgue qui seront bientôt plus longs à consulter que ceux de l'état civil; de la vie privée elle-même violée, du gynécée traîné dans la rue, hué, bafoué, vilipendé à la grande satisfaction des badauds qui acclament et battent des mains, en attendant que leur tour vienne d'être jetés en pâture à la risée publique; l'histoire de notre époque, histoire écrite avec de la boue, ne se résume-t-elle pas tout entière dans deux noms d'une effrayante popularité! Certes, on a vu des époques plus vicieuses que la nôtre, et afficher l'immoralité avec plus d'impudence peut-être : Henri III a eu ses mignons, la Régence ses roués et son désastreux système de Law, la Révolution ses assignats et sa banqueroute frauduleuse, le Directoire ses pourris; nulle encore n'avait fait une théorie de l'assassinat, érigé la filouterie en système! Et dans cette effrayante débâcle de tout ce que la vase de nos sociétés renferme de plus hideux, quels refuges seront ouverts à ces âmes délicates et aimantes qui cherchent et cherchent vainement à l'entour d'elles une foi, un dogme, un commandement, quelque parcelle enfin échappée à ce grand naufrage, et à laquelle, dans leur faiblesse, elles puissent se rattacher? Mais sur la route immense et solitaire où elles sont abandonnées, il n'y a point d'asiles! Aussi, combien vivant dans un présent dont elles ignorent la signification, avec un passé de ruines, avec un avenir dans lequel elles ne savent plus lire, déshéritées qu'elles sont de la foi, combien en sont venues, comme jadis à la chute de l'empire, et peu d'heures avant l'invasion des barbares, à désirer le calme de solitudes lointaines et profondes! combien en sont venues à regretter ces asiles que la charité chrétienne ouvrit alors à la faiblesse et à la souffrance! et en absence de toute protection et de toute garantie, combien ont succombé sur la route : pauvres existences faites pour vivre en serre chaude, et que le grand air a flétries, brisées avant le temps! Car je ne veux pas parler seulement de ces tourments individuels, de ces peines qui, n'auraient-elles leur source que dans ces passions que l'on dit étroites et mesquines, réclameraient cependant encore par leur effrayant et perpétuel concours l'attention et la sollicitude du législateur autant que du philosophe; mais bien de celles qui, prenant leur source à des sentiments plus élevés, s'attachent comme une lèpre, non point à quelques hommes isolés, mais à une société tout entière! Je veux parler de l'incrédulité, du doute inexorable qui nous ronge, du scepticisme avec lequel il n'est plus de joies pures! Or, non-seulement le scepticisme est dans nos mœurs, mais, il y a plus, le scepticisme est une conséquence rigoureuse de l'état actuel de la connaissance humaine.

Ce n'est pas vainement, en effet, que l'humanité a traversé plusieurs siècles de luttes incessantes contre le passé; ce n'est pas vainement que tout ce qui avait été considéré comme dogmatique a été mis en question par nos pères, longuement discuté, anéanti même par eux; ce n'est pas vainement, qu'introduisant le libre examen dans les matières de foi, le Protestantisme est venu s'élever contre l'autorité de l'Église romaine; le Luthéranisme a enfanté l'Arminianisme, et de l'Arminianisme prêchant la tolérance, est sortie par Bayle cette éclatante école philosophique qui, prenant le passé pièce à pièce, et s'efforcant de montrer la vanité de toutes les croyances auxquelles les hommes avaient jusque-là ajouté une foi aveugle, fit intervenir l'expérimentation comme le seul moyen sûr de faire avancer la connaissance humaine, et qui, par cela seul, introduisit et dût introduire le scepticisme dans les esprits. Quiconque, d'un point de vue spécial, examine les choses en détail, devient sceptique. Quiconque veut faire avancer les sciences telles que les a faites l'impuissance de l'homme, c'est-à-dire morcelées à l'infini, doit prendre le scepticisme pour règle de conduite, et notre époque est essentiellement scientifique.

Nous avons rejeté comme illusoires les croyances de nos pères; non contents d'en démontrer la vanité, nous avons épuisé contre elles tous les traits de la satire; mais quand nous avons eu tout détruit, et que nous en sommes venus à porter nos regards autour de nous, effrayés alors des ruines que nous avions amoncelées, en vain avons-nous essayé de nous rattacher à ces croyances que nous nous étions tout à l'heure acharnés à détruire; leur temps n'était plus : l'intelligence humaine était arrivée à un tel degré de développement, que désormais nulle croyance ne devait être admise sans avoir été mûrement examinée, longuement discutée ; que désormais il ne suffisait plus, pour qu'une croyance quelconque fût adoptée, qu'elle satisfît aux besoins du cœur, qu'elle fût consolante ; il fallait encore qu'elle eût résisté à la pierre de touche d'un examen approfondi, minutieux et froid. Il y a plus, et cela est conforme à ce que nous offre l'histoire du développement de l'humanité, dont chaque phase se montre presque constamment exclusive des autres, il suffit, dès ce moment, qu'une croyance vienne à flatter notre imagination, pour qu'elle soit considérée comme vaine, proscrite comme illusoire ; et maintenant, non-seulement l'intelligence qui examine froidement et en détail, qui divise, mesure, compte et pèse, ne recule devant la solution d'aucun problème, mais, par une réaction fatale dans son exclusivisme, on lui subordonne les plus nobles inspirations de l'âme.

---

## III

Eh bien, ces sciences sur les progrès desquelles semble exclusivement fondé l'espoir de l'humanité, ces sciences ont progressé, et, il faut le dire, la rapidité de leur marche a surpassé toutes les attentes : leur développement est tel, qu'en présence du point auquel elles sont arrivées, il n'est plus donné à personne de prévoir la limite marquée à leur extension. Le demi-siècle qui s'écoule a vu s'effectuer des progrès tels, que l'on peut affirmer qu'ils l'emportent sur ceux que tous les siècles précédents réunis avaient vus s'opérer dans le domaine des sciences. Pour n'en citer qu'une preuve, dans les sciences naturelles, par exemple ; la zoologie systématique amenée à un tel degré de perfection, que, dans cette branche, toutes les grandes découvertes semblent avoir été faites; la méthode naturelle trouvée en botanique; les lois de la cristallisation découvertes par Haüy; l'anatomie comparée, créée pour ainsi dire de toutes pièces, et venant prêter à la zoologie le secours de ses hauts enseignements; l'anatomie philosophique, qui comptera parmi les conquêtes les plus éclatantes de notre siècle, ouvrant subitement un champ fécond en glorieuses découvertes; l'embryogénie venant corroborer les résultats fournis par l'anatomie comparée, et s'appuyant, ainsi que cette science, sur la géologie, que cette même période a vue naître et s'élever, avec une incroyable rapidité, au niveau des autres sciences, pour poser définitivement, par cette alliance, les bases de la connaissance humaine touchant les phénomènes naturels; les monstres, ces prétendus écarts de la nature, ramenés aux lois les plus simples de la physiologie; les fossiles, ces autres jouets de la nature, venant à constituer une science inconnue aux siècles passés, et toutes ces sciences, s'appuyant les unes sur les autres, tendant à fonder, enfin, une physiologie générale, et, à l'aide d'une étude plus approfondie et d'une connaissance plus étendue des principes de la physique, tendant également à ramener à des lois simples et générales cette foule de faits pour lesquels la science des temps passés avait été obligée de créer des forces imaginaires: telles sont les conquêtes qui, seules, suffiraient pour assurer à notre siècle une place éminente dans la série des principales phases du développement de l'humanité, et qui prouvent assez, ce que je disais tout à l'heure, que notre siècle est essentiellement scientifique.

Mais, je le demande de nouveau, qu'a-t-il résulté pour la prospérité publique de cet immense savoir? Cette science, qui a pris en si peu de temps un tel développement, qu'a-t-elle engendré? Cette philosophie si fière, si orgueilleuse, quel dogme consolant a-t-elle proclamé? Ce savoir si lentement accumulé, que nous a-t-il révélé touchant le passé, touchant l'avenir? Or, sur toutes ces hautes questions dont la solution importe si réellement au bonheur de l'homme, sur toutes ces choses, la science s'efforce, mais Dieu merci! s'efforce vainement (vainement! nous le prouverons), de rester muette.

Chose incroyable! on a vu dans le siècle dernier la philosophie jusqu'alors rêveuse, vague, subtile, se faire observatrice, venir interroger les sciences, et tendre comme à s'incorporer à elles; et à notre époque, où ces sciences, parvenues à un immense degré de développement, sont susceptibles enfin de jeter les plus vives lumières sur les questions les plus élevées, alors, loin de travailler en vue de ces magnifiques résultats, les naturalistes, au lieu de suivre cette voie qu'indique la force même des choses, semblent ignorer, en général, la haute portée de la science qu'ils cultivent. Chacun travaille, isolément, sans autre but que l'invention ou l'éclaircissement de quelque cas spécial, dont il se refuse même à déduire les conséquences les plus proches. Cependant le temps n'est plus où les métaphysiciens (et auprès d'eux se rangent tous les hommes religieux) regardaient comme complétement fermé aux investigations des naturalistes le champ qu'ils explorent, les sujets de leurs études, comme étant d'un ordre tout différent de ceux qui composent le domaine des sciences naturelles; il n'en est plus qui refusent aujourd'hui d'emprunter à ces sciences leur indispensable secours, et qui se fassent gloire, comme hier encore, d'ignorer les travaux du siècle dernier, de ce siècle si remarquable dans l'histoire de la philosophie, et que l'on ne jugerait qu'à demi, si l'on ne le croyait grand que par les ruines qu'il amoncela, puisqu'il a marqué le passage entre les vagues et subtiles rêveries d'une vaine métaphysique, et la philosophie positive dont notre siècle est appelé à poser les fondements!

Ainsi, lorsqu'en se retournant vers le passé on ne rencontre plus qu'une vaste ruine, lorsqu'on a détruit tout ce qui était susceptible de soutenir le courage de l'homme, lorsque tout autour de lui est ténèbres, lorsqu'enfin la foi est éteinte dans les cœurs, lorsque ceux qui souffrent, et ceux-là sont nombreux, cherchent avec anxiété s'ils ne trouveront pas autour d'eux quelque point d'appui, à qui s'adressera-t-on? A la science? elle répondra par des doctrines désolantes, car elle est sans doctrine. A l'art (et nous prenons ce mot dans sa plus large acception)? est-ce à Faust, don Juan ou Lélia que vous vous adresserez? est-ce à la poésie désolée de notre siècle? est-ce à Gœthe, à Byron, à Sand, le Byron français, qui en sont l'énergique et trop véridique expression?... L'humanité est entrée dans le doute avec Shakspeare, elle s'y est complue avec Milton et Gœthe, elle a essayé d'en sortir avec Byron et Sand; elle l'a essayé vainement!... partout l'impuissance!... Ainsi chacun est obligé de se renfermer en soi, de se faire une vie propre : et de cette absence de toute croyance commune résulte l'anarchie et la démoralisation!

---

## IV

Certes, il nous serait facile, prenant pièce à pièce notre époque, de la montrer en proie à un profond morcellement qui traduit, en quelque sorte, matériellement la division de la pensée : car une époque n'est que la durée d'existence ou le développement d'une idée; elle n'est pas seulement concomitante, contemporaine de cette idée, elle en dérive, elle en est l'effet immédiat et fatal. Or, en montrant que tout ce qui se fait dans notre société est momentané, provisoire; que rien de grand ne se produit; que, dans l'architecture publique, pour citer un exemple (car c'est là, c'est dans les lieux de grandes réunions, c'est dans les édifices où le peuple s'assemble, soit pour discuter, soit pour prier, que se traduit le plus exactement la pensée d'une époque); que, dans l'architecture publique, s'il s'est agi de construire des églises, au lieu de ces admirables portiques, de ces gigantesques ogives, de ces tours audacieuses, ces dômes, ces clochers, ces flèches, symboles si magnifiquement employés par l'art chrétien; ces courbes élégantes et molles, ces lignes hardies le long desquelles la pensée s'élève vers le ciel, ces magnifiques vaisseaux où l'âme se pénètre du sentiment de l'infini, cet ensemble grandiose qui atteste que là est la maison de Dieu, on est allé emprunter à la Grèce païenne les plans du Parthénon, et appliquer grotesquement sur un massif fronton soutenu par de maigres colonnades la face radieuse du Christ, ou imiter dans un temple consacré à la Vierge, la *manière*, le clinquant, l'inintelligente profusion de dorures et d'ornements de toutes sortes étalés dans le boudoir d'une jolie femme! enfin, que dans un siècle qui sera grand par les progrès des sciences naturelles, on aura élevé à grand frais pour y recevoir d'inappréciables richesses, de honteux bâtiments, dégradés encore, s'il est possible, par d'ignobles statues que tout le monde a vu, des maçons, la truelle en main, façonner en manière d'allégories! des allégories, au XIXe siècle, sur le seuil d'un sanctuaire d'études et de méditations profondes! en attendant (car cela sera) que sur l'emplacement même de ces espèces de granges on construise un jour, et quand la pensée scientifique se sera faite chair, en l'honneur de la nature, rendue alors à son omnipotence, un temple digne d'elle et digne aussi de ceux qui la comprendront! A ces signes certains, à ces caractères infaillibles, vous reconnaîtrez indubitablement le profond morcellement, l'extrême division de notre société, et par suite l'absence, non-seulement de foi, mais de toute vue d'ensemble, de pensée dominante et bien formulée qui rallie à l'entour d'elle des esprits qui, dans leur solitude, en sont réduits alors à aller isolément, chacun dans ses voies, là où ses sympathies le guident, renonçant momentanément du moins à produire rien de grand, rien de durable, rien de monumental; attendant enfin que l'instant soit venu de jeter dans le monde les grandes, les éclatantes, les mémorables choses que son esprit conçoit, et, malgré ce profond morcellement, plein de foi cependant dans de hautes destinées, croyant fermement à la réalisation prochaine d'un magnifique avenir! Car cette foi, cette croyance, cette tendance à l'unité, cette aspiration vers la religion est rendue suffisamment manifeste par les tentatives incessantes de ralliement qui çà et là se font jour: tendances incomplètes, je le sais, avortées pour la plupart, à aucune desquelles peut-être il ne sera donné de se réaliser complétement, mais qui seront appelées un jour, n'en doutons pas, comme autant de précieux matériaux, et qui, malgré leur signification non équivoque, n'attestent pas plus cependant la tendance de l'humanité vers les idées grandes et religieuses, que ce profond morcellement de la société n'en traduit le besoin. Ce sont là les éléments d'une foi future; jaillisse, jaillisse l'étincelle assimilatrice, et tous ces éléments épars se constitueront à l'état d'unité!

L'unité! ce mot est à lui seul l'énoncé du problème; c'est aussi exactement la virtualité de notre époque, que le morcellement, l'extrême division, l'éparpillement en sont l'état réel; c'est l'aspiration de toutes les âmes, aspiration d'autant plus énergique que le morcellement les accable; c'est la tendance de tous les esprits élevés qui savent bien que ce mot est le dernier mot de l'énigme de l'homme. C'est la devise que tous les réformateurs ont inscrite sur leur bannière; elle renferme virtuellement toutes les théories que notre époque a vues naître, théories sociales, religieuses ou scientifiques; elle est le point de mire auquel visent toutes les sectes modernes : conciliantistes, éclectistes, fouriéristes, saints-simoniens, messianistes, évadhistes, partisans du progrès continu, et vingt autres encore, ne se proposent pas d'autre but que ce but grandiose. Il en est même qui, dans l'effroi que leur cause cette extrême division, ont essayé de se rattacher au passé, et qui, voyant quelle unité puissante le christianisme avait réalisée, ont entrepris de réhabiliter le christianisme; mais Luther avait frappé au cœur la puissance de Rome, Descartes s'en était séparé en règle, et à la suite de Descartes et de Bacon, la philosophie du XVIII<sup>e</sup> siècle, acceptant l'héritage de Luther, avait achevé de terrasser le colosse. Le christianisme avait eu pour mission de se substituer aux petites nationalités haineuses de la Grèce, au despotisme militaire de Rome et à la puissance toute matérielle des gouvernements anciens; son but fut d'établir l'unité spirituelle du globe et de battre en brèche le pouvoir temporel des rois. Cette grande mission accomplie, il dut tomber de lui-même, comme pour hâter sa chute, dans les mêmes excès qu'il avait eu pour mission de combattre : *Quos vult perdere Jupiter dementat.* C'est alors que vint Luther; l'empire matériel fut disputé à Rome; puis, plus tard, Descartes qui, sortant du cercle étroit de la scolastique, ouvrit à l'esprit humain les champs de l'éternité. La révolution française, enfin, fut une rupture définitive avec les papes et les rois; l'Empire, un magnifique essai tenté pour la réalisation de l'unité de l'Europe; mais, comme la pensée scientifique et religieuse ne s'était pas encore fait jour, l'Empire a dû crouler en attendant que celle-ci se formulât.

Car c'est là, je le répète, qu'en est à ce moment le problème. Tous les éléments lentement élaborés, successivement développés, se sont fait jour; tous ont apparu tour à tour, à leur heure et providentiellement, sur la scène du monde, chacun y a joué son rôle, tous y ont accompli leur mission : le moment est venu de réunir ces choses longtemps éparses et providentiellement éparses; l'heure a sonné de les rallier autour d'un centre commun, de les fondre en une puissante unité. Avant la venue de l'homme sur la terre, la création s'était développée sur toutes ses faces; mais, malgré son unité virtuelle, éparpillée sur le globe, un lien manquait : l'homme a paru; la création recommença, et la gamme éternelle monta, pour ainsi dire, d'un octave! L'homme, sublime écho de toute cette harmonie antérieure, en fut la synthèse. Mais, pour accomplir sur le globe la mission qui lui était imposée, celle de recommencer le monde par la pensée, il dut, comme toute la création antérieure, faire successivement le dénombrement de tous ses modes puissantiels, pour, un jour, ce dénombrement étant fait, chacun de ses modes s'étant successivement et complétement développé, l'heure enfin étant venue, il ralliât tous ces éléments de la même manière qu'il avait été la synthèse de toute cette grande analyse que constitue la création zoologique, et qu'ainsi une nouvelle époque, époque d'harmonie, recommençât pour le globe. Or, cette heure a sonné dans l'histoire, le moment est venu de cette sublime et définitive SYNTHÈSE; car il ne s'agit pas d'une philosophie éclectique qui ne prend que ce qui lui convient, et qui, d'ailleurs, se borne à additionner les résultats obtenus sans rien leur ajouter; d'un conciliantisme qui rejette nécessairement ce qui n'a de vie que par son caractère d'exclusivisme, de compensation qui serait tout au plus, si quelqu'un y ajoutait foi, un narcotique à l'usage des gueux, ni de telle ou telle philosophie spéciale, catholique, scientifique ou autre; mais d'une synthèse réelle qui recueille tout, qui accepte tout, rallie tout, explique tout, fait rentrer dans les lois universelles les faits anormaux ou pathologiques de l'histoire sociale, aussi bien que de l'histoire naturelle; en tire une confirmation nouvelle des lois de l'anatomie et de la physiologie historiques; de tous ces faits déduit les fondements de l'hygiène de la société, société dont l'organisation est alors calquée sur celle même du monde; et montre dans tous les faits, à quelque catégorie qu'ils appartiennent, physique, physiologie, morale, psychologie, histoire, philosophie, politique, ralliés, coordonnés, hiérarchisés suivant leur degré genésiaque, dans la composition une et identique de ces choses, dans leur déroulement successif et continu, dans la régularité de leur développement, partout, toujours la reproduction d'une même et sublime pensée, son incessante métamorphose, ou plutôt son successif déploiement; deduit enfin, de tous ces faits ralliés entre eux, une preuve dernière, éclatante, éternelle de l'unité des choses créées, la PHILOSOPHIE SYNTHÉTIQUE enfin, OU NATURALOGIE. Le moment est venu, les signes en sont certains, de réaliser ce grand problème; l'humanité a deviné l'énigme du Sphinx, elle passera outre; Prométhée aura vu le terme de ses douleurs; si Ashaverus, cédant à sa fatale destinée, continue de marcher, ce sera au sein de torrents d'harmonie; Pygmalion pourra sans blasphème se prosterner devant son œuvre; l'esprit saint descendra dans sa sublime Galatée; Pythagore, Orphée, Zoroastre seront traduits à la foule; les sceaux théogoniques seront levés, l'idéal chrétien se sera fait chair; les vérités que cachent ses symboles courront le monde; le ciel du Christ descendra sur la terre, et la cité divine sera réellement alors la cité politique!

---

## V

Tel est le but de l'humanité. La mission spéciale de notre époque, c'est la réalisation de l'unité du monde civilisé; unité qui se fera jour partout et se manifestera sous toutes ses faces : l'unité scientifique, l'unité politique, l'unité de langues et d'art; la communion de tous dans quelque dogme nouveau promettant aux hommes les merveilles et la béatitude de cosmes ignorés! Ainsi borné, le problème reste vaste, et ce n'est pas trop pour sa réalisation du concours simultané de toutes les intelligences et de tous les cœurs. C'est là une œuvre large et belle, digne des ambitions les plus hautes, à laquelle il sera noble d'avoir attaché son nom; car ce ne sera pas sur les épaules d'un homme seul que sera portée la moindre pierre de ce magnifique monument! Ce ne serait pas trop d'efforts collectifs et de tous les instants, d'efforts longtemps prolongés, pour en jeter les indestructibles fondements! Peut-être faudrait-il, pour la solution de cet immense problème, que les travailleurs se formassent en une vaste association illimitée, où toutes les intelligences, hiérarchisées par séries suivant leurs prédilections et leurs facultés, remplissant autant de postes divers qu'elles ont de virtualités; successivement ouvrier ou maître, suivant leur force dans la spécialité du moment, soldat et général tour à tour, chacun se multipliant en quelque sorte par lui-même, s'élevant ainsi à la plus haute puissance effective, travaillant sans relâche avec tout l'enthousiasme de la passion, avec l'assiduité d'une intelligence mûrie par l'étude, chacun dans sa spécialité, tous en vue d'un même but! Malheureusement ce but, perceptible pour les esprits élevés, est voilé encore pour le plus grand nombre; la vérité est couverte de ténèbres, et l'éclair n'a pas jailli qui, en déchirant l'épais nuage, entr'ouvrira à la pensée les profondeurs cachées des cieux. Beaucoup semblent ne pas avoir conscience des grandes choses auxquelles notre époque est appelée; un problème immense est à résoudre, et la majorité des esprits est engloutie au sein de recherches étroites et mesquines; il s'agit de contempler le ciel, et la foule des travailleurs se contente d'en connaître ce qu'elle aperçoit du fond du puits qu'elle s'est creusé; la question est de chercher et de trouver, on dispute sur l'interminable pour et contre; il s'agit de rallier, de coordonner, de fondre, c'est à qui coupera, disséquera, fragmentera, heureux s'il est parvenu à s'emparer d'un étroit lambeau; il s'agit enfin de la création d'une science universelle, de fonder une PHILOSOPHIE SYNTHÉTIQUE, on se complaît dans le cadre étroit d'une spécialité qu'on s'efforce de rétrécir.

Et c'est surtout aux savants, aux naturalistes, qu'il faut adresser ce reproche: plus ils étaient en possession de bien faire et plus ils sont condamnables, s'ils ont failli à leur mission. Or, la mission de la science est immense, car elle tient la clef de tous les problèmes que peut se proposer l'intelligence humaine; elle renferme le mot de l'avenir. Sur toutes les choses créées (il est temps que la vérité éclate!), sur toutes les choses créées plane l'unité de composition; un plan commun et identique rallie entre elles toutes les sciences prétendues distinctes; la création renferme toutes ces sciences à titre de chapitres divers, et ces chapitres, se succédant régulièrement, s'enchaînent l'un à l'autre, s'engendrent successivement, et s'expliquent mutuellement; la créationtion n'est qu'un grand développement genésiaque, développement analogue à celui qui se manifeste dans les faits d'une science ou dans les phénomènes successifs d'un individu quelconque; c'est le déroulement d'une pensée une, identique, éternelle, immuable, infinie; c'est le deboîtement, sur un globe spécial, de toutes les choses existant en germe dès l'origine, et de toute éternité remplissant l'univers de leur virtualité : chaîne infinie dont les extrémités plongent dans l'immensité des cieux, et dont un fragment se développe à la surface de notre planète; chaîne sans ruptures, chaîne où nulle lacune ne saurait se manifester, sans que fût détruite aussitôt l'harmonie; chaîne dont une solidarité mutuelle lie tous les anneaux successifs, où l'on ne va de l'un à l'autre que par une filière continue, où nul point n'est intelligible, si l'on n'a en même temps l'intelligence de chaque autre; où rien n'a de valeur absolue, où chaque chose, au contraire, n'existe que par rapport à ce dont elle dérive, à ce qu'elle engendre; mystérieuse échelle de Jacob, qui part de Dieu pour descendre à l'atome, remonter de l'atome à l'homme, et de l'homme aux anges, pour de là rentrer dans le sein de Dieu! cercle magique d'un éternel mouvement, théâtre d'incessantes et de progressives métamorphoses; mouvement, métamorphoses qui en constituent l'essence et la vie, qui sont le mouvement et la vie de l'univers! énigme profonde dont il n'a été donné à chaque époque de déchiffrer qu'une minime portion! énigme longtemps indéchiffrable encore dans son immensité, mais qui, en ce qui concerne la vie de notre globe, sera résolue par notre époque, riche déjà des magnifiques révélations d'Orphée, Zoroastre, Pythagore et Christ!

Telle est la solidarité de toutes les choses, et c'est à découvrir les liens de cette solidarité, c'est à en déchiffrer la loi qu'a marché l'humanité, même à son insu et à travers les ténèbres confuses de l'ignorance et de la superstition. Notre époque est appelée à résoudre en partie ce grand problème, à le résoudre en ce qui est de la vie de notre globe, et de la solution de ce problème datera pour l'humanité une ère nouvelle, ère d'harmonie universelle, époque qui, sur le grand clavier de la création, vibrera sur un octave supérieur, à l'unisson de celle où, du sein de la série zoologique, s'éleva l'intelligence synthétique de l'homme; et tout le temps écoulé entre ces deux phases de la vie d'un globe aura été consacré à passer d'une gamme à une autre, et n'aura été qu'une sublime modulation pour réaliser un ensemble plus sublime de mélodies du sein desquelles, comme des harmonies musicales, s'élèvera plus harmonieuse et plus retentissante, dominant puissamment toutes les autres, une mélodie principale, qui sera la pensée divine même!

## VI

C'est parce que ces principes, éternels comme le monde, ont été constamment couverts, pour la multitude, d'épaisses ténèbres, que l'immensité des travaux que renferment nos catalogues scientifiques sont restés sans emploi. Travaillant en dehors de ces inspirations on a travaillé sans but, le plus souvent sans doctrines, ou avec des doctrines incomplètes, erronées, sans fondement. On a amassé des faits pour des faits, sans se soucier d'en déterminer la valeur et la signification; on a fait comme le manœuvre qui charrie les pierres sans guère s'occuper de savoir quelle place chacune d'elles occupera dans l'édifice en construction; on a dressé d'immenses catalogues de faits, et après les avoir réunis en nombre tel que nulle mémoire d'homme n'était plus apte à en retenir la plus minime portion, on a admiré ces amas si péniblement rassemblés; on a cru voir un monument là où il n'y avait que les matériaux du monument; on s'est écrié que la science était faite, comme si les faits, plus que les chiffres ou les lettres, avaient par eux-mêmes une valeur, comme si leur signification n'était toute relative et ne découlait essentiellement de la façon dont ils sont groupés; comme si ce n'étaient l'enchaînement, la coordination, la succession, la genèse de ces faits qui en constituât le mouvement, comme les lettres, qui ne sont que des signes arbitraires, constituent par leur groupement des mots qui, groupés à leur tour, rendent magnifiquement les nuances les plus délicates de la passion, comme les couleurs, habilement employées, rendent sur la toile les conceptions sublimes du grand peintre! Qu'a-t-on fait autre chose en histoire que d'étudier isolément les faits, tous les faits, l'anecdote même et la biographie, et de réunir tous ces faits, soit dans la chronologie, soit dans la géographie, soit dans la biographie même? quel autre but s'est-on proposé, sinon de classer ces faits dans sa mémoire? et quel a été le plus savant, sinon celui qui est parvenu à faire entrer dans son esprit le plus grand nombre de ces faits? Qui s'est enquis, je le demande, de la loi de ces faits? De quel autre criterium s'est-on servi dans l'histoire, sinon des croyances, des passions, des opinions régnantes à l'époque de l'historien? Quel a été jugé l'historien le plus judicieux, sinon celui qui a su appliquer aux temps passés ces mesures avec le plus de bonheur? Qui n'a pas considéré l'histoire de l'homme comme quelque chose à part dans le monde, d'isolé, de spécial, puisant en soi sa vie, ne dépendant que de soi, ou tout au plus soumis aux lois du destin ou de la Providence? Qui s'est avisé de considérer l'histoire comme la suite de quelque autre chose, d'une science préexistante, génératrice de celle-ci, son calque fidèle, son moule producteur? Qui a pensé que les passions, dont le mouvement constitue l'histoire, avaient leur source en dehors d'elles, étaient une plus haute puissance et, par conséquent, une manifestation spéciale, nouvelle de principes existant avant la venue même de l'homme? Quel est celui qui s'est aperçu qu'en faisant naître, au contraire, l'histoire en quelque sorte spontanément, en lui refusant tout lien de parenté avec ce qui fut, il morcelait la création, en brisait l'harmonie et en rendait désormais l'intelligence impossible? Qui songea, enfin, je le demande, à chercher les bases de l'histoire en dehors d'elle-même, et dans les temps et les choses qui ont précédé sa manifestation?

Personne, sans doute; car, parmi les savants qui se livrent spécialement à l'étude de la nature, ceux par conséquent qui eussent dû proclamer le problème, il n'en est pas un qui l'ait mentionné dans ses livres; il n'en est pas un qui ait su ou qui ait osé dire s'il l'a su et le démontrer rigoureusement, que l'histoire de l'homme, l'histoire sociale et politique était la suite, un prolongement, une plus haute puissance de l'histoire naturelle et particulièrement de la zoologie. Il n'en est aucun qui ait dit que c'était dans cette dernière science qu'il fallait chercher la loi des évolutions humaines. Que celles-ci n'étaient qu'un calque de la série zoologique. Que la loi suprême de l'humanité, la loi du progrès n'était qu'un prolongement de la loi de progrès qui régit auparavant la série zoologique ou toute la série des êtres, que ce n'en est qu'un accord supérieur. Que tous les modes puissantiels de l'homme, déjà développés sous une certaine forme et dans un certain degré dans la création zoologique, ont leur source dans les principes élémentaires de la physique générale; que le principe même des sociétés y a sa source. Que toutes les différentes combinaisons qui se forment au sein de celle-ci sont régies par les mêmes lois que toutes les combinaisons organiques des êtres dont s'occupe l'histoire naturelle. Qui enfin, quel savant a essayé de démontrer rigoureusement, d'une façon à fermer la bouche à l'hypocrisie, aux préjugés, aux médiocrités jalouses, de démontrer, dis-je, les lois même de l'histoire toutes virtuellement inscrites dans les sciences qui sont l'objet de ces études?

Mais comment eût-il pu se faire que les naturalistes qui, pour la plupart encore, admettent des forces occultes dans le domaine de la physiologie, en vinssent à bannir celles-ci du cercle de l'histoire? Ils n'ont pu s'élever jusqu'à cette heureuse contradiction. Bien loin, au contraire, de travailler en vue des magnifiques résultats que la science est en droit d'espérer, on les a vus s'efforcer de restreindre avec une incroyable persévérance le champ de leurs études; se divisant l'édifice de la science en une multitude de petites cases, où chacun a filé tranquillement son cocon sans s'inquiéter de ce que deviendrait la science quand ils se la seraient distribuée par lambeaux; s'efforçant comme à l'envi de nier l'importance des faits qu'ils rassemblaient; rassemblant ces faits en quantité innombrable et refusant de s'en servir; posant comme le but dernier du naturaliste, la classification, c'est-à-dire l'arrangement arbitraire de ces faits; s'obstinant à faire des faits pour les faits, bannissant toute pensée d'ensemble, soulevant les épaules au seul mot de philosophie, travaillant sans doctrine comme sans but, et, de même qu'ils avaient fragmenté leur science à l'infini, se séparant à jamais du mouvement des autres; restant enfin étrangers aux progrès qui s'opèrent autour d'eux, comme aux œuvres de leurs prédécesseurs qu'ils ont constamment la prétention de refaire, consumant ainsi leur vie dans un travail de Pénélope.

Aussi est-il des hommes qui, se laissant aller trop précipitamment à des pensées généreuses d'ailleurs, voyant combien avait été jusqu'ici peu profitables à l'humanité les découvertes des naturalistes, ont prétendu que tout le temps consacré à l'étude de l'anatomie en particulier avait été complétement perdu. Mais, comme il arrive trop souvent, ces hommes ont rendu le culte solidaire des erreurs de ceux qui avaient été préposés à son exercice, et ce sera réfuter victorieusement cette opinion, que de démontrer, comme nous nous proposons de le faire dans un ouvrage spécial, qu'il aura été donné à la zoologie générale de poser définitivement les lois réelles et éternelles de l'histoire de l'homme, pour laquelle nous proposerons alors le nom D'ANTHROPOLOGIE HISTORIQUE OU SOCIALE, qui rappelle l'analogie que nous voulons établir, ou plutôt l'analogie dont nous nous proposons de démontrer l'existence.

Ce n'est donc pas la science qu'il faut accuser d'impuissance, cette accusation d'ailleurs remonterait à l'humanité. Si tant de travaux n'ont encore abouti à remplacer des croyances mortes par des croyances fécondes, cela résulte et résulte uniquement, je le répète, de la fausse route suivie généralement par ceux qui se livrent à l'étude.

Pense-t-on, en effet, que celui qui, dans les sciences naturelles, a consacré toute sa vie à l'étude minutieuse, exclusive d'une famille, parfois même d'un genre; pense-t-on que ceux qui, dans les sciences en général, s'occupent de monographies sur les sujets les plus restreints, soient utiles à l'humanité? Sans doute, ils lui sont utiles, mais au même titre que le manœuvre qui charrie les pierres dont le ciseau du statuaire fera tout à l'heure jaillir un chef-d'œuvre : ils n'ont droit qu'à l'estime qu'on accorde au manœuvre. Que dirait-on d'un professeur qui, à l'ouverture d'un cours, au lieu de donner une idée sommaire de son enseignement, au lieu d'en circonscrire l'étendue, d'en poser les limites, de déterminer enfin les objets qu'il renferme, commencerait par l'étude spéciale d'un objet particulier, sans assigner la place qui lui appartient? Telle est cependant la marche illogique que suivent les travailleurs. Ce qui semblerait contraire à la philosophie, dans l'étude spéciale d'une science, est toléré dans l'ensemble des sciences; bien plus, c'est à peine s'il s'élève quelque voix isolée, pour signaler, combattre cet étrange abus des principes. La nature est une cependant : *l'unité dans la variété!* ce mot de Leibnitz, est la définition de l'univers. C'est ce principe fondamental, qui toujours devrait être présent aux esprits, que l'on oublie, ou plutôt dont on méconnaît les conséquences; si la nature est une, si toutes choses étroitement liées dans la nature, également nécessaires, indispensables, concourent toutes au même but, à maintenir l'harmonie, il est clair que les sciences, qui ne sont autre chose que la connaissance des faits de la nature, sont dans les mêmes relations que les faits dont elles s'occupent; et ce n'est qu'en les combinant toutes entre elles, et les mettant les unes vis-à-vis des autres dans les mêmes rapports que sont entre eux ces faits, que l'on arrivera à l'intelligence de ceux-ci.

Voilà ce que le raisonnement le plus simple, voilà ce que la saine philosophie indique, mais c'est la voie contraire qui est suivie; chacun, je le répète, étudie sa spécialité en vue seulement de la spécialité. Or, l'on n'arrivera pas plus de cette manière à la connaissance de la nature, et, par conséquent, à la solution de ces questions dans lesquelles se retourne l'humanité, que l'on n'arriverait à l'intelligence de l'organisation générale d'une machine et du jeu de ses parties, par l'étude tout à fait exclusive, isolée, des différents rouages, cylindres, pistons dont elle se compose.

Loin de moi la pensée de proscrire exclusivement cette voie! car qui ne voit que l'étude philosophique des faits, l'étude des rapports des lois générales n'est possible qu'après l'étude particulière, individuelle, spéciale de ces faits? qui ne voit qu'ils en sont la base, la base la plus ferme, la seule base? mais aussi qui ne voit que tous ces faits n'ont de valeur qu'autant qu'ils sont rapprochés, combinés, coordonnés entre eux? Après l'analyse, la marche logique fait intervenir la synthèse, et les sciences sont maintenant assez riches de faits pour que la synthèse puisse intervenir. A quoi serviraient les pièces d'une machine si on les laissait isolées les unes des autres? A quoi servirait de tirer péniblement les pierres des entrailles de la terre, si on les laissait éparses sur le sol? Mais mettez dans leurs rapports naturels toutes ces pièces, tout à l'heure séparées; donnez l'impulsion à cette machine, et elle fonctionnera; superposez ces pierres suivant les règles de l'architecture, et l'édifice s'élèvera.

Toutefois, il faut signaler comme formant des exceptions à cette tendance générale, les travaux de quelques hommes illustres nos contemporains : exceptions qui sont d'autant plus glorieuses, qu'elles sont plus rares, et qu'elles signalent des hommes assez dévoués à la cause de l'humanité pour oser secouer hardiment le joug si pesant de la routine, et faire le généreux sacrifice de leur propre intérêt, cet intérêt qui charge tant d'hommes de liens plus indissolubles encore que ceux du préjugé.

C'est ainsi que, malgré la plus vigoureuse opposition, les sciences naturelles sont presque subitement entrées dans une voie philosophique, voie qui promet d'être celle des grandes découvertes; je dis presque subitement, car, en effet, à peine Buffon vient-il de jeter les premiers germes d'une réforme, que déjà de magnifiques travaux, qui seuls suffiraient pour immortaliser notre siècle, ont complétement changé la face de la science.

Par ces travaux, des faits considérés jusque-là comme sans valeur sont venus recevoir de nombreuses applications; par eux, l'immensité des faits dont la science s'était enrichie a été enfin arrachée à la coupable indifférence de ces descripteurs qui prétendaient borner l'office du naturaliste à *nommer, décrire* et *classer*. Déjà, des esprits éminents, cédant, quelques-uns même à leur insu, à l'impulsion imprimée par l'admirable génie de Buffon, ont abandonné le service exclusif des descriptions pour s'élancer à la recherche des lois et des causes secondes; déjà les hommes les plus éclairés ont quitté le champ désormais stérile de la diversité pour celui de l'unité : Lamarck, en proclamant le principe de la variabilité de l'espèce, avait frappé l'édifice zoologique jusqu'en ses fondements : il était à reconstruire; c'est à ce grand œuvre que travailla Geoffroy Saint-Hilaire; c'est dans le but de donner à la zoologie des bases désormais indestructibles, qu'il se livra à ces recherches qui ont amené la découverte de l'unité de composition organique; celle de la regularité des monstres, la loi suprême de l'attraction de soi-pour-soi. Il aura été donné à Geoffroy Saint-Hilaire d'ouvrir, par chacune de ses publications, une voie nouvelle, un champ inexploré; de marquer dans le tiers de sa carrière deux époques dans l'histoire de la science; lançant, par la découverte de la théorie, des analogues dans la recherche des rapports les plus élevés de l'organisation; par celle de la loi universelle et ses travaux sur les influences des milieux ambiants, faisant pénétrer l'humanité dans la connaissance des causes; enfin, tandis que cet illustre savant travaillait à la construction de l'édifice zoologique, il lui aura été donné, en proclamant les fondements de cette science, de jeter dans le monde les principes féconds d'où découleront un jour les lois de l'histoire sociale. Il aura donc acquis de doubles droits au titre de père de la philosophie naturelle, que ratifiera la postérité!

---

## VII

Gloire à ces magnifiques intelligences! Mais il ne suffit pas de se jeter, en présence de ces œuvres, dans une admiration stérile. Le seul hommage digne du génie, c'est de féconder ses découvertes! Plus sont brillantes ces glorieuses inspirations, plus promptement elles seront dépassées, et le plus bel éloge qu'on en puisse faire est d'affirmer que, dans un avenir prochain, apparaîtront des travaux qui les laisseront bien loin derrière eux; car ces travaux, ils les auront inspirés, ils en auront été le germe, ils seront jaillis tout entiers d'eux, comme Minerve sortit tout armée du cerveau de Jupiter! Rien n'est fait, s'il reste encore à faire. Or, bien que la science ait accompli des choses qui suffiraient à l'illustration de notre siècle, il lui reste encore plus à accomplir. Certes, quand vous me montrez la multitude des travaux de nos contemporains, l'immensité des faits bien observés, minutieusement décrits, dont on leur est redevable, les trois ou quatre sciences créées, en quelque sorte, de toutes pièces par notre époque, et déjà, cependant, élevées au niveau de celles qui furent le plus anciennement cultivées, certes, force nous est bien de reconnaître que notre siècle, dût-il s'en tenir à ces rapides progrès, mériterait encore d'occuper une place glorieuse parmi ceux qui ont vu les plus grands progrès des sciences. Toutefois, un si magnifique passé ne peut rester stérile, un aussi magnifique avenir doit en découler; et plus nous manifestons de hautes espérances, plus, par cela seul, nous attestons le prix que nous attachons à ce qui a été fait. D'ailleurs, je le répète (et il faut le répéter à satiété, car il y a bien des incrédules), tout ce qui a été fait ne constitue pas, à proprement parler, une science; ce sont les éléments, les matériaux d'une science, non pas la science elle-même. Est-il besoin de preuves? Tous ces faits, si péniblement et si glorieusement rassemblés, ne sont-ils pas épars, isolés, sans rapports, sans liens? Quel est le système qui résume, concilie, englobe tous ces faits? Quelle est la théorie autre qu'une théorie spéciale à l'usage d'une seule science, ou d'une seule partie de la science, qui montre les points de contact, les affinités, la solidarité, l'engendrement de ces faits? Quand la théogonie égyptienne eut fait son temps, elle se transporta en Grèce; quand elle se fut mêlée à l'esprit grec, et que l'esprit grec lui-même eut fait son temps, Platon parut, qui résuma et la Grèce et l'Orient, et sur le sol de l'Égypte; mais au contact de croyances nouvelles s'élabora au sein de l'école éclectique une foi qui devait conquérir le monde, et qui contenait en ses flancs dix-huit siècles de durée.... Qu'a engendré la science moderne?

Mais s'il est vrai que les faits dans les sciences ne sont utiles qu'à titre de matériaux de construction (et je ne veux pas m'arrêter davantage à réfuter l'absurde opinion de ceux qui voudraient borner l'office du savant à la recherche, à l'enregistrement, à la description des faits), il est clair que la collection des faits, que leur description appartiennent à une phase spéciale, à un premier âge des sciences naturelles. Ces faits réunis en nombre suffisant et suffisamment connus, il reste donc à leur donner leur définitif emploi, à s'en servir, comme je le disais tout à l'heure, à titre de matériaux de construction. Or, ce problème se résume uniquement, comme il a été dit tant de fois, dans la coordination de ces faits, ou dans la recherche de leurs rapports. Une science n'existe qu'alors que les faits qu'elle renferme sont coordonnés, c'est-à-dire qu'alors que leurs rapports sont connus. Or, c'est là la seconde, et l'on peut dire la dernière phase spéciale des sciences[1];

[1] Nous avons déjà développé ces idées dans la partie bibliographique de notre article POISSONS du *Dictionnaire pittoresque d'histoire naturelle*. Répétons ici que lorsque nous disons que l'histoire des sciences se borne à deux phases successives, nous ne prétendons parler de ces sciences qu'en tant qu'existant en soi, isolément; car, à la phase d'analyse a préexisté une synthèse préparatoire, comme à la seconde phase de synthèse spéciale succède une phase de synthèse définitive qui n'est autre chose que la synthèse préparatoire et l'analyse postérieure confirmées et vérifiées l'une par l'autre. Mais la synthèse préparatoire et la synthèse définitive n'appartiennent en propre à aucune science; ce sont des phases du développement intellectuel de l'humanité considérée d'ensemble. A l'origine, l'esprit humain s'enquiert collectivement de l'ensemble des choses, et il n'existe qu'une science, grand essai de science universelle; puis, quand a lieu la diffraction des éléments de cette synthèse préliminaire, les sciences spéciales existent alors individuelle-

car, de la connaissance des rapports élevés des choses, résulte nécessairement celle des lois qui les régissent, lois qui sont elles-mêmes les causes secondes de ces faits, causes secondes au delà desquelles l'observation cesse entièrement d'être applicable, et où il n'est plus donné à l'homme de pénétrer, d'une façon même encore bien imparfaite, que par la pensée. Or, ces deux phases ne sont elles-mêmes que le développement des deux moyens d'investigation que possède l'homme, que les deux grandes voies qui lui sont ouvertes dans le domaine des sciences : la première correspond à l'analyse et est elle-même l'analyse; la seconde constitue la synthèse.

Mais les lois étant connues, et étant posées à l'avance l'éternité et l'infaillibi-

ment; elles fournissent deux phases: l'analyse des faits dont elles se composent, puis leur synthèse; et c'est, arrivées à ce point, que toutes les sciences contractent entre elles une alliance intime, et tendent à une fusion qui constitue une quatrième phase, synthèse définitive qui n'appartient en propre, je le répète, à aucune science.

lité de ces lois, il en résulte pour l'homme la prévision des faits. Le passé est la leçon de l'avenir; l'histoire du passé constitue les prémisses d'un syllogisme dont la prévoyance de l'avenir est la conséquence immédiate. Une science n'est faite qu'alors qu'elle permet la prévision, c'en est là le caractère infaillible; et, pour citer un exemple, c'est parce que l'astronomie permet, dans la majorité des cas, la prévision des faits, qu'elle se présente avec un plus haut degré de certitude que les autres sciences. C'est là le plus haut degré de connaissance qu'il soit donné à l'homme d'atteindre, et par delà lequel il n'y a plus que la puissance créatrice elle-même. Or, je le répète, ce don précieux de prévision consiste dans la connaissance des lois, et ces lois ressortissent elles-mêmes de la connaissance des rapports; d'où il résulte logiquement qu'une fois les faits suffisamment connus, c'est vers la recherche des rapports que doivent se diriger les efforts humains. De cette manière on arrive à dégager les principes, principes au sein desquels est contenue la foi, comme le pollen au fond de la corolle; foi en l'absence de laquelle il n'est plus que ténèbres, et qui est, en quelque sorte, la poussière fécondante de l'humanité; foi qui est en même temps un dogme et un commandement!

C'est donc vers la solution de ce problème qu'il faut tendre, et, sans s'arrêter à ce qui a été tenté déjà dans cette voie à l'égard de quelques sciences, c'est à faire pour l'ensemble de celles-ci ce qui a été fait déjà pour quelques-unes d'entre elles, ou du moins pour quelques-uns de leurs fragments. Et certes le besoin s'en fait sentir. Le moment est venu : tous les yeux sont tournés vers la science; comme jadis ceux qui voulaient pénétrer dans les secrets du destin allaient consulter l'oracle de Delphes, aujourd'hui, c'est de toutes parts comme un grand pèlerinage de tous les esprits vers la science. Jadis, dans les moments de crise, on regardait le ciel, on priait et on se résignait; maintenant on s'adresse à la science, on cherche, on cherche avec la certitude de trouver : car il est écrit que celui qui cherchera trouvera. C'est la science qu'on interroge; car les temps du Christ sont venus, et l'on sait que, fils de Dieu, ce sont les hommes qui font les religions! C'est une philosophie unitaire, large, féconde, que l'on attend, que l'on espère, que l'on hâte de ses vœux; philosophie qui, à l'encontre de la boîte de Pandore, devra, dès que les sceaux qui la ferment seront levés, jeter sur l'humanité et dans toutes ses voies les sources intarissables de bonheur promises par les Saintes Écritures. Et cette philosophie que notre époque est appelée à voir, que notre siècle proclamera, est, ainsi que nous le prouverons, basée tout entière sur la science; bien que, synthèse complète de tout ce qui est, elle soit l'alliance de l'art et de la science, la fusion de l'esprit et du cœur.

Or, il y a, c'est à n'en pas douter, il y a dans les faits que renferme la science, un système tout entier, système latent encore, mais dont la puissante virtualité ne saurait tarder à se faire jour et à se réaliser avec éclat; la question est de l'en extraire, pour voir jaillir alors cette croyance nouvelle, cette croyance religieuse et féconde qui, elle aussi, aura des siècles de durée!

Quand donc ce cadavre, qui a de la science l'aspect, mais sans en avoir le souffle; quand donc ce cadavre se lèvera-t-il et sortira-t-il, nouveau Lazare, de la tombe que lui ont creusée tant d'auteurs sans philosophie, qui s'en sont partagé les lambeaux épars? quand donc se lèvera-t-il, ressuscitant tout à coup à la voix de quelque autre fils de Dieu, pour aller proclamer parmi le monde la divinité de celui qui aura réuni et vivifié ses membres dispersés!

---

## VIII

Il y a, pour arriver à ce but, deux voies différentes, et ces voies ont été successivement employées par l'humanité : l'une lente, patiente, minutieuse et sûre; l'autre rapide, ardente et large, et souvent trompeuse; la première, sûre, mais souvent muette; la seconde, souvent trompeuse, mais en dehors de laquelle rien de grand ne se fait; celle-ci sans fondements, si elle ne s'appuie sur celle-là; celle-là sans valeur, si celle-ci ne la féconde; cette dernière, toute d'inspiration, l'autre froide et sévère; celle-ci, enfin, étant comme la base d'un monument dont l'autre est le couronnement; la première dite d'expérience, la dernière dite d'*a priori*, correspondant celle-là à l'analyse et celle-ci à la synthèse.

Ces deux voies ont été successivement employées et ont joui de degrés d'estime divers, aux différentes phases du développement de l'humanité. A la synthèse, aux vues *a priori*, les philosophies anciennes ont dû leur éblouissante splendeur encore incomprise; à la dernière, les temps modernes auront emprunté les indestructibles fondements, les bases d'airain et de diamant sur lesquelles l'avenir construira.

De nos jours encore, les hommes se sont partagés dans ces deux voies diverses, et, pour prendre un exemple dans les sciences naturelles, l'école allemande, dite des *Philosophes de la nature*, nous offre un éclatant exemple du premier mode d'investigation ; l'école des *Naturalistes français*, qui s'est résumée tout entière, dans ces derniers temps, dans la grande figure de Cuvier, école opposée à celle des *Philosophes de la nature*, en hostilité ouverte même avec celle-ci, a tout dû à l'observation et à l'expérience. Est-il besoin de prendre des exemples dans d'autres branches de nos connaissances? alors nous pourrions citer les grands travaux historiques, philosophiques et littéraires de l'Allemagne, travaux auxquels ont presque constamment présidé des vues *a priori;* où les faits d'observation viennent chacun prendre place dans un cadre tracé à l'avance par des principes posés d'abord et dont tous les faits découlent ensuite à titre de conséquences; où la synthèse enfin se subordonne l'analyse. Et nous mettrions en regard les travaux entrepris en France dans la même voie, et qui, sauf de rares exceptions, consistent généralement en un amas de matériaux immenses lentement réunis, et qui, pour la plupart, attendent encore leur systématisation!

De là, entre les naturalistes de l'un et de l'autre côté du Rhin, de grands débats, un grand duel scientifique : ceux-ci reprochant à leurs adversaires de construire sur un sol sans fondement des édifices sans durée; ceux-là accusant les premiers de se consumer inutilement dans l'accaparement stérile de matériaux dont ils se refusent à tirer parti.

Car la ligne de démarcation entre la France et l'Allemagne est, sous ce rapport, tranchée bien au delà de ce que l'on serait tenté de croire. A la suite d'un glorieux débat aux phases éclatantes duquel il nous semble presque encore assister, lorsque celui qui, en France, se posa intrépidement comme le défenseur des doctrines philosophiques, eut vu tous les siens se retirer de lui, ses collègues se ranger unanimement sous la bannière de son puissant adversaire, et que, dans sa solitude, il en fut réduit à ne trouver d'appui que dans une inébranlable conviction et un consolant espoir dans la justice de la postérité; tout à coup, du sein de l'Allemagne, une voix puissante s'éleva : un homme, resté jusque-là en dehors des débats, entra subitement dans la lice, et vint pour sa part y ramasser le gant. La voix du vieil athlète retentit parmi nous; elle proclama Geoffroy Saint-Hilaire un *philosophe de la nature*, et par cela seul Goëthe sembla, au nom de l'Allemagne, dont il sera incontestablement l'une des plus glorieuses personnifications, adopter l'intrépide savant. Dès ce moment on put croire que, comme jadis les Pyrénées, le Rhin était franchi! Goëthe d'ailleurs se faisait gloire d'être né dans la même année que furent publiés les premiers volumes de notre immortel Buffon.

Buffon et Geoffroy Saint-Hilaire semblèrent dès lors le lien qui devait joindre l'une à l'autre les deux nations rivales, et comme un pont jeté entre ces deux sanctuaires de science et de profondes méditations. Toutefois Geoffroy Saint-Hilaire lui-même s'en défend. Plein de reconnaissance pour le glorieux accueil qu'il reçut de l'Allemagne, attestant de son admiration pour les magnifiques travaux auxquels elle a donné naissance, il proteste néanmoins contre le titre dont le décora l'admiration d'une nation savante. Et que dans cette opposition on ne veuille pas voir l'intention de se mettre à l'abri de la malveillante interprétation dont est susceptible un mot à double entente en deçà et au delà du Rhin; entre Geoffroy Saint-Hilaire et les naturalistes allemands il y a scission fondamentale, profonde : Geoffroy Saint-Hilaire, quelle que soit d'ailleurs l'opinion qu'il ait conçue à l'avance sur le point spécial dont il s'occupe, va des faits particuliers aux faits généraux; les Allemands descendent, au contraire, des faits généraux aux faits particuliers.

La voie suivie par Geoffroy Saint-Hilaire a plus de certitude; celle qui a été adoptée par les savants allemands a plus d'apparente grandeur.

En ces quelques lignes les deux écoles philosophiques de la France et de l'Allemagne se résument : on voit immédiatement leurs points de divergence, ils sont profonds. Leurs rapports, toutefois, ne sont pas moins évidents : les deux écoles ont pour but d'arriver, par l'interprétation des faits, à une philosophie universelle. Le but est donc le même, le point de départ seul varie; dès lors ils cessent d'être inconciliables.

Mais entre les deux écoles, dont l'une (et elle se résume maintenant dans Cuvier) prétend s'arrêter à la description des faits; dont l'autre aspire avec raison à donner l'interprétation des faits (et ici l'école dont Geoffroy Saint-Hilaire est le chef, et celle des *Philosophes de la nature* ne font plus qu'un unique faisceau), la ligne de démarcation est plus profondément tracée, le duel est plus grave.

L'observation seule ne mène à rien, témoin la prétendue science des collectionneurs de faits; l'imagination abandonnée à elle-même n'enfante que chimères, témoin l'interminable catalogue des erreurs de l'esprit humain.

Entre l'une et l'autre voie il n'y a donc pas de choix : *Medio tutissimus ibis*. Le milieu ici, c'est la fusion; disons mieux, la communion des deux écoles opposées. Fausses prises isolément, vaines dans leurs prétentions exclusives, stériles dans la route qu'elles parcourent isolément, elles se fécondent par leur contact mutuel, et de leur fusion jaillit la vérité.

Les difficultés sont graves, sans doute, et pour arriver à concevoir la possibilité de cette fusion, il n'a rien moins fallu que toute l'expérience lentement acquise de l'humanité. Arrivé sur le plateau élevé de la philosophie qui domine à l'infini tous les cas spéciaux dont les naturalistes font habituellement l'objet exclusif de leurs études, l'horizon s'élargit à un tel point, que l'œil a peine à en embrasser l'immensité : *Circulus æterni motus!* Par quel point de la circonférence en commencer l'exposition, et par quel système de lignes déterminer la position de ce centre qui se trouve et partout et nulle part? Chaque entité est, pour quiconque a des idées un peu avancées de philosophie naturelle, un calque, une reproduction, une représentation, à un certain degré, de l'ensemble des choses, du grand Être, du tout. La connaissance exacte d'un être quelconque serait la connaissance de tous; la connaissance de l'ensemble des êtres serait celle de chaque être en particulier. C'est une synthèse éternelle, et l'observateur tourne perpétuellement dans un cercle vicieux infranchissable. Par où commencer? Scinder la nature? c'est ce qu'ont fait les descripteurs; et où cela les a-t-il menés? à s'étonner que l'on pût se proposer d'arriver à la connaissance de l'ensemble des choses, à proposer enfin comme le but définitif de leurs recherches, comme bornes dernières de leur ambition, l'œuvre, formulée dans cette phrase fameuse : *Classer, décrire et nommer.* Prendre l'ÊTRE dans son ensemble? c'est ce qu'ont fait les philosophes de tous les temps, et chaque jour des faits mesquins, misérables même en apparence, sont venus démentir et détruire leurs brillantes synthèses.

Interrogeons donc l'humanité dont, dans de telles questions, l'expérience doit décider en dernier ressort. Or l'humanité débute par la synthèse, mais cette synthèse n'est que provisoire; plus tard, l'analyse la remplace, et cette analyse tend à la réalisation d'une synthèse définitive.

Interrogeons-nous nous-mêmes, scrutons notre conscience, et nous y observerons la même succession de phénomènes.

Ainsi, ce que l'humanité, ce que l'expérience, ce que notre conscience même nous indiquent comme la voie à suivre, se résume en trois phases : une synthèse préliminaire d'abord, puis l'analyse devant amener enfin à une synthèse définitive.

Forts de nos idées acquises, sur l'ensemble des choses, utilisons donc les faits d'observation en les fécondant par le raisonnement.

Si l'on veut nous permettre une figure qui peint exactement notre pensée, nous dirons que l'observation est tout en surface, et le raisonnement tout en hauteur. L'observation constitue le piédestal, la base; le raisonnement, c'est le monument qui s'élève, le fût qui s'élance; une science qui n'a pas encore passé la phase à laquelle la première appartient, et qu'elle caractérise, ressemble assez à ces terrains en construction, sur lesquels on décharge confusément des matériaux divers. Toute science qui prétendrait s'élever spontanément à la seconde phase, sans avoir préalablement traversé la première, ressemblerait à ces édifices volants dont on a négligé de jeter les fondements, parce qu'ils ne devaient avoir qu'un jour d'existence; à elles deux elles constituent le monument; la première en assure la durée, la seconde lui imprime son caractère; mais à l'apport même des matériaux a présidé un plan dont la construction n'a été que la réalisation.

C'est la fusion des deux écoles rivales: de cette fusion jaillira cette PHILOSOPHIE SYNTHÉTIQUE, dont nous avons donné la définition, et dont l'ANTHROPOLOGIE HISTORIQUE, basée sur la zoologie, n'est qu'un étroit fragment.

C'est celle que dans le *Novum Organum* Bacon préconise en ces termes: *Verus experientiæ ordo primo lumen accendit, deinde per lumen iter demonstrat;* c'est la voie suivie par tout homme de génie; celle enfin dans laquelle, et dans laquelle, à l'exclusion de toute autre, se font les grandes découvertes scientifiques.

Dans un travail spécial[1] préparé depuis

[1] Intitulé: DES BASES DE LOGIQUE NATURELLE OU TRAITÉ DE LA SCIENCE DES TRANSITIONS, *Programme de découvertes devant conduire à l'instauration définitive de toutes les connaissances humaines.*

longtemps, et dont la publication suivra celle de ce livre, nous développerons plus au long ces pensées qui sont fondamentales en logique, et qui ne sont rien moins que l'importation dans le système des raisonnements humains de l'ordre suivi par la nature elle-même dans le cours de ses développements; alors nous établirons par démonstration rigoureuse les points que nous n'avons abordés que comme en courant dans ce discours, que nous supplions le lecteur de ne considérer que comme la préface de ce que nous nous proposons de faire. Nous montrerons comment la logique, ayant jusqu'à présent consisté dans l'emploi successif des différents modes d'investigation dont dispose l'homme, doit consister actuellement dans l'emploi simultané de ces moyens divers; comment enfin il convient que la logique jusqu'à présent analytique se fasse synthétique comme la science même. Arrivé à ce point, l'homme, riche alors de l'immensité de faits recueillis dans des voies diverses, et dont il a dû successivement la révélation à chaque logique spéciale, l'homme doit se placer en observation devant la nature pour pénétrer dans l'ordre suivi par celle-ci et calquer sa logique sur la sienne propre; se mettant, en quelque sorte, au centre d'un cercle dont la mobile circonférence n'est autre que le déroulement des choses naturelles. Alors à la logique jusqu'à présent humaine si je puis dire, est substituée la LOGIQUE NATURELLE : les *Préceptes* d'Aristote, la *Méthode* de Descartes, le *Novum Organum* de Bacon, etc., ne deviennent plus qu'autant d'échelons qui mènent à l'acquisition d'une logique synthétique; et la logique ainsi comprise, ce n'est plus un instrument, une science isolée, c'est la science même; comme la nature qui ne procède, dans ses raisonnements, que par de nouvelles créations, l'homme ne fondra cette logique qu'en amassant de nouvelles et d'incessantes acquisitions; c'est une fusion complète de la synthèse et de l'analyse, de l'expérimentation et du raisonnement; et cette logique est fondée tout entière, comme nous le montrerons, sur les *transitions*, c'est-à-dire sur le mode suivant lequel la nature passe d'un ordre de phénomènes à un autre; c'est une science tout entière encore à créer, et qui sera, on peut le dire, la clef de voûte de la science universelle, comme toutes les logiques partielles en auront été les assises.

Aujourd'hui nous devons nous borner, pour clore ces considérations, à indiquer les phases successives par lesquelles devra passer la connaissance humaine, pour ensuite, dans les trois volumes suivants, appliquer nous-même à la zoologie générale les principes que nous venons de poser.

Partant du principe de l'unité des choses créées et de leur solidarité mutuelle, il est évident qu'il n'est pas de sciences tellement distinctes l'une de l'autre, qu'elles ne puissent s'éclairer mutuellement de lumières plus ou moins vives; d'où il découle, comme conséquence logique, que tout savant qui aux faits de sa spécialité joint des notions d'ensemble un peu approfondies, peut, à l'aide de la science dont il s'occupe plus particulièrement, pénétrer dans le domaine des sciences voisines et jeter plus ou moins de jour sur celles-ci en y important les données, les considérations puisées dans sa spécialité; et qu'ainsi, pour citer un exemple, l'historien vraiment digne de ce nom, celui qui s'est bien rendu compte du rôle que joue l'histoire et de la place qu'elle occupe dans le système général des connaissances humaines, celui qui est bien pénétré non-seulement de l'importance des faits dont elle s'occupe, mais de la solidarité des choses naturelles, et qui, par conséquent, remonte jusqu'à l'origine et la source des lois historiques, celui-là peut, avec le plus grand fruit pour l'histoire naturelle par exemple, en aborder l'étude; et quelqu'étrange que puisse paraître cette assertion aux défenseurs des vieilles doctrines des naturalistes, elle n'est pas tellement nouvelle que des opinions toutes semblables ne se trouvent implicitement comprises dans les travaux de ceux qui s'occupent de philosophie. En effet, les sciences qui dominent toutes les autres par leur généralité, la métaphysique par exemple, sont considérées comme susceptibles de jeter dans toutes les parties des connaissances humaines les plus vives lumières; c'est donc admettre un lien et, jusqu'à un certain point, une solidarité entre leurs diverses branches; et, en effet, sans ce lien, sans cette solidarité, il serait tout aussi impossible de rien comprendre à l'harmonie universelle, que de concevoir l'existence du monde en l'absence du Saint-Esprit. On peut même dire que ce ne sont pas là seulement deux faits de même ordre, mais le même fait; car nous ne pouvons nous représenter la création que comme permanente à chaque instant de la durée, et que comme incessante aussi l'action de l'Esprit Saint. Mais s'il est besoin d'autres preuves, nous les établirons méthodiquement dans l'ouvrage déjà cité. Admettant donc *a priori* comme conséquence de l'unité et de la filiation des choses créées, et *a posteriori* par démonstration directe, la réaction efficace que les sciences les plus diverses peuvent exercer les unes sur les autres, il nous faut distinguer toutefois des degrés divers dans l'influence dont elles sont susceptibles, de même qu'il nous en faut distinguer dans leur solidarité. D'un point de vue purement théorique, considérant toutes les choses de l'univers comme étant dans un perpétuel mouvement, et partant de ce point, que leur harmonie réside dans leur réciproque concours, nous les regardons comme s'influençant toutes mutuellement, et dès lors nous sommes conduits à considérer les sciences comme pouvant toutes s'éclairer en réagissant les unes sur les autres; de même que si nous considérons le phénomène de l'attraction dans un corps planétaire, dans le soleil par exemple, nous pouvons supposer par la pensée cette force s'exerçant jusqu'à l'infini dans les espaces intra-stellaires; mais de même que, par le fait, cette attraction s'exerce en raison inverse du carré de la distance, nous sommes amenés à reconnaître que l'influence que les sciences sont susceptibles d'exercer l'une sur l'autre est déterminée par leur degré de proximité, et que, si je puis dire, leur affinité est aussi en raison de la même loi; dès lors, il nous est difficile et même impossible de pénétrer par la connaissance d'une science dans celle d'une autre science fort éloignée de celle-là, parce que nous n'en apercevons que très-imparfaitement les rapports. Mais il est bien certain que cela résulte uniquement de l'imperfection de notre esprit qui, faible et borné, ne peut s'avancer que méthodiquement, pas à pas, lentement, à l'aide de jalons et de repères; car, pour un esprit moins soumis aux lois du temps et de l'espace (et l'histoire de l'humanité nous offre de beaux exemples de ces audacieux génies dont la pensée semble avoir ravi les ailes des anges), ces rapports vagues, fugitifs, indéterminés, confus, apparaissent dans tout leur éclat.

Mais, obligés pour le plus grand nombre de recourir à une marche analytique, nous devons reconnaître que ce n'est pas toujours immédiatement que l'on peut pénétrer d'une science dans une autre, et qu'ainsi elles ne sauraient exercer toutes entre elles le même degré d'influence.

Il y a plus : étant supposée même (ce qui n'est pas comme nous venons de le voir) une égale action exercée par les sciences les unes sur les autres, l'ordre à suivre pour pénétrer de l'une dans l'autre n'est pas et ne saurait être indifférent; l'ordre véritable, l'ordre logique et, par conséquent, le plus efficace, ne saurait être autre que celui que la nature elle-même emploie pour passer d'une production à une autre; l'influence exercée par une science sur une autre science, et l'utilité de l'importation de celle-là dans celle-ci, sera d'autant plus grande que la première sera génératrice de l'autre; de même que les liens ne sont nulle part aussi intimes entre deux ordres de phénomènes qu'entre ceux dont l'un dérive de l'autre; et puisque nous admettons *a priori* (et nous renvoyons encore ici, pour les preuves *a posteriori*, à notre *Traité de Logique naturelle*) l'unité des choses naturelles, par conséquent leur solidarité, et, par suite, leur filiation, il est clair qu'en même temps que ce sera logique, nous aurons tout avantage à suivre l'ordre même des développements, à pénétrer dans une science par la science même qui l'engendre; car nous suivrons de cette façon la méthode recommandée par Descartes, et maintenant partout en usage, de passer du simple au composé. En effet, en prenant ainsi une science à son origine, on assiste à ses premiers développements, on en suit le cours, on pénètre, en quelque sorte, dans la complication incessante de son organisme. De même si, en vue de celle-ci, et primitivement, on étudie la science qui l'engendre, on va en quelque sorte chercher au sein de la mère les premiers linéaments du fœtus, et l'on découvre alors les lois de sa formation, comme tout à l'heure celles de son développement. Puisque les choses naturelles ne sont qu'un véritable développement embryogénique, étudions le monde comme nous étudions un embryon; non point en le prenant à une phase quelconque de son développement, mais en assistant à la formation de ses premiers rudiments et en en suivant les développements.

Mais, de même que presque toutes les erreurs en embryogénie sont nées de ce qu'on n'a point toujours eu égard, dans l'étude de cette science, à la succession des phénomènes, les erreurs qui ont longtemps entravé, qui entravent en ce moment même, et qui peut-être entraveront longtemps encore la marche de bien des sciences, proviennent de la même erreur première. En oubliant l'unité du monde, la dépendance nécessaire de toutes choses, on s'est habitué à considérer chaque science comme existant en soi et d'une vie propre; et, loin de s'enquérir de ses rapports profonds avec les autres sciences, on a créé pour chacune d'elles des forces particulières : de là le vitalisme en physiologie, la confusion qui règne aujourd'hui encore en philosophie, l'absence complète de véritables doctrines en histoire, et une multitude de sciences attendant encore dans les limbes le moment marqué à leur création.

Rien de plus déplorable, en effet, que la manière de raisonner en usage dans les sciences; c'est un triste reflet de cette niaise philosophie du collége que le bon sens public a flétrie depuis longtemps, mais qui n'en reste pas moins officiellement chargée de former des savants et des hommes d'état. Quand les sciences opèrent chaque jour de si magnifiques progrès, et que la raison publique croît en raison de ces incessantes acquisitions, l'enseignement élémentaire, dont l'influence sur tout le reste de la vie est incontestable, semble avoir la prétention de rester stationnaire au milieu du mouvement qui le déborde de toutes parts, et de n'accepter d'autre mission que celle de représenter, en plein dix-neuvième siècle, la logique argutieuse du moyen âge; et c'est une triste chose que de penser que le premier usage qu'un homme doit faire de sa raison est d'oublier complétement tous les enseignements qu'il a reçus, et, pour son propre compte, de recommencer Descartes : car malheureusement c'est là une tâche devant laquelle le plus grand nombre recule. J'ai en ce moment sous les yeux un traité de métaphysique par l'auteur de *la Clef des sciences et des beaux arts* (le Père Cochet, je crois); voici comment, à propos des attributs de Dieu, l'auteur commence sa première proposition, tendant à démontrer que *Dieu est une substance spirituelle et immatérielle* : « Nous ne connaissons, dit-il, que deux substances, le corps et l'esprit : Dieu est donc l'une ou l'autre. » Certes, voici un *donc* bien ambitieux! Ce livre est de 1753; mais les principes qu'il contient règnent encore dans nos colléges, et par eux se reflètent jusque dans l'enseignement scientifique. Que fait-on, en effet, en chimie, sinon de raisonner comme le révérend Père Cochet, lorsque, de ce qu'un corps n'a pu être décomposé, on en conclut que c'est un *corps simple?* en physique, lorsqu'on dit *impondérables* des corps qui ne font aucune impression sensible sur nos instruments? en physiologie, lorsque, n'ayant pu ramener encore les propriétés des corps dits organisés à celles des corps dits inorganiques, on en conclut l'existence de *forces vitales*? en médecine, lorsque, dans l'ignorance de la cause d'une fièvre ou d'une hémorragie, par exemple, on distingue des fièvres, et des hémorragies *essentielles*? en histoire, lorsque, ne possédant pas de documents écrits sur les peuples primitifs, on en conclut que ces *documents* se sont *perdus*, comme si les peuples primitifs écrivaient des annales? en philosophie enfin, pour ne pas trop multiplier les exemples, lorsque la paresse et l'ignorance croient avoir tout dit, quand, pour l'explication des harmonies du monde on a invoqué la théorie des *causes finales*, etc., etc.... que fait-on, je le répète, sinon de tirer des conséquences à la façon de l'auteur de *la Clef des sciences et des beaux arts*?

Si, au contraire, nous adoptons la voie que nous venons d'indiquer, voie synthétique, et qui, par conséquent, n'a pu venir nécessairement qu'après l'étude spéciale de chaque science, étude essentiellement analytique, nous bannissons à tout jamais ces forces occultes que le professeur Flourens a si bien caractérisées en ce qui concerne la physiologie, en disant d'elles que c'est *un rideau qui cache un vide;* et alors tant de questions si longtemps controversées et si obscures encore, malgré toutes les disputes dont elles ont été l'objet, ces questions, dis-je, se présentent dans leur réelle simplicité, et leur solution n'est plus qu'une question d'expérimentation et d'expérience.

Ainsi il est évident, pour quiconque comprend la solidité de cette manière de voir, que ce n'est plus que par la physique que nous pouvons pénétrer dans le domaine de la psychologie, et que dès ce moment aussi l'étude approfondie de la zoologie générale devient la clef de tous les problèmes que renferme l'histoire de l'homme, l'histoire sociale ou politique.

Mais, sans nous arrêter plus longtemps sur des principes dont l'exposition, pour être faite convenablement, demande plus d'étendue que celle dont nous pouvons disposer ici, et un cadre plus vaste que celui de cet ouvrage; principes que nous n'avons voulu qu'annoncer et présenter sous forme de *prodrome*, mais que nous espérons établir d'une manière inébranlable dans notre *Traité de la Logique naturelle*, passons immédiatement à l'exposition analytique des progrès que les sciences ne tarderont pas à opérer dans cette voie, et qui deviendront la base de cette science universelle que notre époque aura indubitablement la gloire d'établir.

Pour nous, le point de vue auquel nous nous plaçons est celui que nous rendent immédiatement abordable nos études comme naturaliste et physicien, et nous venons d'indiquer que c'est effectivement le point de vue le plus naturel et le plus efficace; plus tard, nous le répétons, nous le prouverons d'une façon sans réplique.

Remarquons qu'il ne s'agit pas d'importer dans le domaine des sciences des principes nouveaux, mais seulement de donner plus d'extension à des principes connus et qui de tout temps ont guidé les travailleurs dans leurs études : il ne s'agit, en effet, que de faire pour l'ensemble des sciences ce qui a été fait, je le répète, pour les différentes sections de chacune d'entre elles. Si les sciences, en ce moment encore, sont étudiées isolément et d'un point de vue tout à fait spécial, ce fait est en correspondance avec l'étude spéciale de chacune des sections de ces différentes sciences, avant que des découvertes incessantes eussent rendu de plus en plus évidents les rapports de ces sections. Rallier ces sciences entre elles, ce n'est donc que reproduire sur un cadre plus large ce qui déjà a été fait dans une sphère inférieure, quand on a rallié les unes aux autres les différentes parties de chacune de ces sciences.

Ainsi, pour citer des exemples qui rendent plus manifeste notre pensée, lors de la diffraction des sciences, et si je puis dire de leur constitution individuelle, tous les efforts humains dûrent tendre uniquement vers l'acquisition des faits dont chaque science à constituer se composait; alors et logiquement on dut étudier ces faits pour eux-mêmes, et dans le désir, légitime dans son exclusivisme même, de dresser un catalogue des choses naturelles, on put et on dût décrire ces faits isolément, sans s'inquiéter des rapports plus ou moins immédiats qui pouvaient exister entre eux. Plus tard, quand les collections de faits furent devenues assez considérables pour qu'on pût se croire en possession d'un échantillon de chacun des types naturels, l'esprit humain dut chercher un aliment dans une voie nouvelle, ou du moins dans un plus grand degré d'extension donné à la voie longtemps parcourue; c'est alors que l'on s'enquit des rapports de ces faits: on les rapprocha, on les compara, on rallia les uns aux autres ceux qui avaient entre eux des rapports évidents; on éloigna, au contraire, ceux qui, par des caractères manifestes et bien tranchés, se distinguaient ou paraissaient se distinguer nettement les uns des autres: on en fit donc des groupes que l'on regarda comme naturels, c'est-à-dire comme limités par la nature même; on les circonscrvit aussi exactement qu'on le put. Or, à mesure que la science s'enrichit de nouvelles acquisitions, il arriva que la ligne de démarcation que l'on avait tracée entre deux groupes d'êtres devenait de moins en moins tranchée; des êtres nouveaux, des espèces inconnues, de simples variétés même des espèces déjà connues, venaient se placer entre deux groupes jusque-là considérés comme distincts, combler la lacune et comme le fossé qui les séparait, établir enfin de l'un à l'autre un passage tellement intime, qu'il devenait impossible d'indiquer d'une manière réellement positive où s'arrêtait un groupe, où commençait un autre; peu à peu toutes les lacunes se comblaient, les groupes se rapprochaient, les caractères se confondaient; ces choses, primitivement si bien tranchées, tendaient à se rallier les unes aux autres, à se réunir, à se fondre. De la constatation de ce fait à penser que tous ces êtres formaient entre eux une vaste et harmonieuse unité, il n'y avait qu'un pas; il fut franchi. On s'éleva à la haute conception de l'unité de la série zoologique, et cette pensée, qui, comme toutes les inspirations du génie, fut prématurée, dut rencontrer nécessairement la plus vigoureuse opposition; mais, quoi qu'il en soit de l'accueil que reçurent ces importantes innovations, ce que nous voulons noter, et la seule chose qu'il importe ici de noter, c'est que chaque progrès consista beaucoup moins dans l'invention de principes ou de procédés nouveaux, que dans une plus grande extension donnée aux principes et aux procédés déjà connus, que dans l'élargissement d'une voie déjà battue; et ce fait intéressant en soi était nécessaire et pouvait être deviné *a priori*. En effet, que tout progrès humain s'opérât autrement que par l'extension des progrès antérieurs ou leur développement, cela impliquerait nécessairement la fausseté de la grande loi embryogénique qui régit le monde, et en l'absence de laquelle il n'y aurait pas d'unité.

Ce qui a eu lieu pour la zoologie à laquelle nous avons emprunté cet exemple (et nous aurions pu citer toute autre branche des sciences naturelles), a eu lieu nécessairement dans le cours du développement des autres connaissances humaines : dans la physique, par exemple, où les faits, en apparence les plus divers, ralliés entre eux, ont été enfin ramenés à cinq ou six sections, et où il est aisé de voir que l'un des progrès que cette science est destinée à accomplir, et auquel auront si efficacement concouru les travaux des Biot, des Arago, des Becquerel, des Gay-Lussac, etc., etc., consistera dans des liens jetés entre chacune de ces sections diverses, dans la constatation de leurs rapports, la détermination de ces affinités, la raison de leur solidarité et la loi de leur engendrement; progrès, notons-le bien, qui ne résulte en aucune façon de l'emploi de méthodes nouvelles, mais qui jaillit immédiatement des progrès antérieurs : progrès pressenti par les esprits élevés, et en vue duquel Isidore Geoffroy Saint-Hilaire a écrit ces belles paroles que nous extrayons de la préface de son grand *Traité de Tératologie*, ouvrage que la postérité rangera incontestablement au premier rang parmi les plus magnifiques travaux de notre siècle : « Ajouterai-je que déjà même il est peut-être permis d'entrevoir l'instant de haut progrès scientifique où, par les lois des courants, un admirable lien s'étendra sur la nature entière, et où se trouvera réalisé cet enchaînement de toutes les parties du grand ensemble vers lequel tendent depuis si longtemps les efforts prématurés d'esprits audacieux? »

Liées les unes aux autres par des rapports dont l'intimité a, pour ainsi dire, de tout temps frappé les regards, les sciences mathématiques nous offrent l'exacte reproduction du même phénomène. Les faits si divers, et en apparence si contraires, de la pesanteur, étant ramenés à un principe commun, ce principe est devenu lui-même la clef et le régulateur de tous les phénomènes astronomiques; et par là un lien puissant a été jeté entre la terre et le ciel. Les phénomènes même qui, en astronomie, avaient été considérés comme un démenti donné aux principes généraux, sont venus, par un examen plus attentif, se ranger sous ces principes, comme les faits prétendus *anormaux*, en anatomie, sous les lois ordinaires de la physiologie : bien plus, entre les sciences physiques et physiologiques, des liens de même nature ont été jetés par l'observation des phénomènes généraux de la pesanteur, de la chaleur, de l'électricité et du magnétisme ; enfin, et lorsque tout récemment un homme de génie s'en vint, considérant le fluide lumineux comme l'élément et la matière de toute génération, nous le montrer remplissant tous les espaces intra-stellaires ; travaillant en vue de la réalisation de cette grande unité, ce fut un lien de plus que ce savant jeta entre les phénomènes considérés comme les plus divers ; et si de tout temps on a eu recours, pour l'explication des phénomènes physiologiques, à l'intervention des forces occultes, fruits de l'ignorance, ces théories, dont chaque découverte a sapé les fragiles fondements, sont évidemment destinées à disparaître complétement devant les progrès incessants, mais successifs et solidaires de la raison humaine.

Et, pour citer un exemple pris dans un ordre de phénomènes en apparence bien distinct de ceux-ci, le développement des sciences historiques n'a-t-il pas été en tout semblable à celui de ces sciences, et n'a-t-il pas subi la même progression? Bornées tout d'abord au récit pur et simple de ces événements; les liant ensuite les uns aux autres, puis recherchant leurs rapports chronologiques ou géographiques, elles se sont élevées dans ces derniers temps à l'aide de progrès successifs, à de hautes généralisations, et concentrent en ce moment tous leurs efforts vers la découverte des lois du mouvement social: lois éternelles, immuables comme celles du monde physiqne dont elles dérivent ainsi que nous le montrerons; découverte qui aura lieu à l'heure marquée, et qu'auront préparée et graduellement amenée tous les progrès antérieurs.

L'histoire de la linguistique enfin, pour citer un autre exemple pris presque au hasard, ne nous offre-t-elle pas un développement tout analogue et soumis aux mêmes lois? Jusque dans ces derniers temps encore, bornée à l'œuvre longtemps utile, mais maintenant stérile des grammaires spéciales et des dictionnaires, cette science s'en vient en ce moment à rechercher dans cet amas confus, arbitraire en apparence, des mots que chaque langue renferme, des liens internes, des rapports généraux, des lois organiques, et tend entre les mains de l'abbé Latouche et de ses dignes émules, à proclamer une fois de plus cette admirable unité qui plane sur chacune des sciences spéciales comme sur toutes ces spécialités réunies, comme sur l'ensemble entier des choses; et ce grand progrès s'est opéré par la même voie et par la même succession de progrès partiels. Partout enfin, je le répète, il deviendrait également facile de démontrer l'existence des deux périodes dont nous avons déjà parlé, et dans lesquelles se résument les phases à travers lesquelles passe fatalement chaque science; périodes qui ne sont elles-mêmes, comme nous l'avons dit, que préparatoires à d'autres plus élevées, de même, nous le répétons, qu'elles proviennent d'une autre époque antérieure, primordiale, époque admirable de fusion de toutes les connaissances ébauchées de l'homme; et entre ces deux périodes partout les mêmes liens, les mêmes rapports, les mêmes analogies seraient manifestes; la première de ces deux époques engendrant la seconde, de même que celle-ci, scission apparente avec le passé, se montrerait, au contraire, jaillissante de celle qui l'a précédée.

Nous avons tenu à bien établir ce fait, à montrer que, dans chaque science, le progrès se fait d'une façon continue, régulière, normale; que chaque progrès dérive d'un progrès antérieur, de même qu'il devient la source de quelque autre acquisition ultérieure; que l'histoire de chaque science, comme celle des faits eux-mêmes dont se composent ces sciences, comme l'histoire même de la nature n'est qu'un fait embryogénique. Il en résulte que, vu l'unité des choses créées, les sciences spéciales sont toutes entre elles dans les mêmes rapports que les différentes sections de chacune de ces sciences, et qu'ainsi tendre à réunir ces sciences entre elles pour en constituer une science vraiment UNE comme la nature, c'est faire tout simplement ce qui a été déjà fait dans le cadre de chaque science spéciale; que ce n'est point là l'importation d'un principe nouveau, mais seulement le développement nécessaire, fatal et certainement efficace de principes de toute éternité en usage dans les sciences. Nous sommes donc en droit de réclamer, pour le principe qui doit nous guider dans nos travaux, le bénéfice d'un assentiment unanime.

Ainsi donc les sciences en sont en général venues à ce point où les faits (première période spéciale) étant connus, et ces faits étant coordonnés (seconde période spéciale), il reste à en découvrir les lois générales. Or, le caractère de généralité de ces lois entraîne nécessairement l'exclusion du caractère de spécialité qu'avaient revêtu les sciences, tant qu'il s'agissait de constituer leur individualité. Une loi réellement générale ne saurait appartenir exclusivement au cadre spécial d'une science, et c'est nécessairement en dehors de cette science et dans celle qui lui préexiste, que s'en trouve le germe. Dès ce moment les sciences quittent leur caractère individuel pour tendre entre elles à la fusion, et pour se réunir effectivement, comme avant leur existence propre elles se trouvaient réunies virtuellement. La question donc est de chercher les rapports de ces sciences et de les dégager; le problème est de savoir comment une science devient génératrice d'une autre; c'est un système de TRANSITIONS à établir. Dès lors il devient nécessaire d'avoir, en quelque sorte, une règle de conduite tracée à l'avance pour se guider dans ce vaste sentier. Cette règle, ce *criterium*, cette mesure, c'est une logique, logique *a priori* nécessairement, car sa réalisation serait la science même. Ses lacunes ne sont autres que celles qui existent dans la connaissance humaine, et chacune de ces lacunes comblée, c'est par une acquisition ou une découverte nouvelle. Tous les intermédiaires remplis, la logique est constituée, sans doute; mais la science est faite.

Ainsi donc, c'est, pour le physicien, de chercher dans l'étude des corps organisés la confirmation des principes et la révélation de celles des propriétés des corps qui ne se sont point encore manifestées avant la création zoologique, par exemple; pour le zoologiste, c'est de chercher dans la physique et dans l'histoire (nous établirons longuement les preuves de notre assertion en ce qui concerne l'histoire, car c'est là ce qui sera contesté le plus vivement et avec le plus d'apparente raison); c'est, dis-je, pour le zoologiste, de chercher dans la physique et dans l'histoire les mêmes preuves, les mêmes éclaircissements : mais, pour suivre l'ordre logique que nous indiquions au commencement de ce paragraphe, comme nécessairement préférable, c'est de chercher dans les phénomènes de la physique, ralliés, coordonnés, hiérarchisés, c'est-à-dire disposés suivant leur degré générateur, les lois qui, après avoir régi tous ces phénomènes, deviennent la source de ceux que nous présentent les corps dits organisés; c'est de chercher comment ils deviennent générateurs de ceux-ci, comment, après avoir traversé la série végétale, ils deviennent, à un certain degré de la création zoologique, la source des phénomènes psychologiques les plus élevés; comment du type zoologique, si je puis dire, et par quelle succession de modifications, en vertu de quelles influences, pour quelles raisons physiques ils passent au type homme, etc., etc.; c'est de suivre toujours enfin cette ligne ascendante, naturelle, qui est celle même que suit la nation, et la seule par conséquent qui soit réellement révélatrice.

Physiologiste, c'est par la physique que nous allons pénétrer dans le domaine des corps organisés, et c'est en passant par ceux-ci que nous nous élèverons graduellement jusqu'à l'intelligence de la nature humaine; c'est dans la loi des évolutions des êtres qui ont précédé sa venue, que nous chercherons, comme nous l'avons dit, la loi des évolutions de l'humanité : c'est l'ordre logique, c'est aussi celui que nous indique notre position.

Pour entrer dans ce vaste champ d'exploration, nous serons guidé par certaines données. Ce sera notre synthèse préliminaire, notre *a priori*, qu'il s'agira de vérifier, d'étendre par l'observation, de modifier peut-être, d'expliquer et de démontrer rigoureusement; mais cet *a priori*, notons-le bien, n'a ce caractère que relativement, par rapport à l'exploration ultérieure dans laquelle il nous servira de guide; en soi, au contraire, c'est un *a posteriori* légitime et suffisamment justifié, car c'est l'expérience acquise de l'humanité, plus l'expérience individuelle, car l'inspiration même est tout à la fois un *a priori* et un *a posteriori*. (Cette dernière assertion n'a pas besoin d'être plus longuement développée ici.)

Cet *a priori* consiste dans différents principes que nous énoncerons de la manière suivante :

1.

Au-dessus du monde plane l'intelligence divine. La nature est une manifestation de Dieu et un effet de sa souveraine bonté. (*Providence.*)

2.

Dieu donne des lois au monde, et ces lois sont immuables. (*Fatalité.*)

3.

Tout vient de Dieu; tout rentre en lui. Et les causes de l'élévation des êtres sont placées d'abord dans les modifications graduées de leurs milieux; mais quand, par la succession de phénomènes dont nous allons parler, la conscience et la connaissance se sont manifestées dans le monde, alors cette élévation devient le résultat et le prix de la volonté ou du *libre arbitre*.

4.

La liberté ne naît dans le monde qu'après l'exercice de la Providence et de la fatalité.

5.

La vie de l'univers consiste dans un perpétuel mouvement; suivant l'expression de Timée de Locres, son centre est partout et sa circonférence nulle part.

6.

La création est permanente à chaque instant de la durée.

7.

La matière est une à l'origine, et les différentes formes qu'elle revêt sont déterminées par l'action des milieux qu'elle traverse.

8.

La matière réduite à un état d'atténuation excessive par le phénomène de la combustion, constitue le fluide lumineux. Sous cette forme, elle remplit les espaces intra-stellaires, et par l'action de l'électricité devient l'élément de toute formation à la surface des globes qu'elle affronte. (GEOFFROY SAINT-HILAIRE.)

9.

Chaque particule ténue de la matière a la propriété d'attirer sa semblable; et, sous l'influence de cette attraction, elles s'affrontent et s'aggrégent. (*Loi de soi pour soi.* GEOFFROY SAINT-HILAIRE.)

10.

Chacune de ces particules joue, par rapport à celle qu'elle affronte, le rôle d'un sexe différent du sien, et cet affrontement constitue une véritable copulation.

11.

Il y a entre les éléments du prisme, les tons de la gamme et les courbes, une loi de proportionnalité et peut-être même un rapport de génération à déterminer.

12.

L'univers constitue un organisme d'un ordre spécial : les agents physiques en sont les modes puissentiels.

13.

Ces agents sont entre eux dans la même liaison et solidarité que les modes puissentiels de tout autre organisme.

14.

Là se trouvent sur une échelle infinie toutes les propriétés et facultés qui s'organisent au sein des différents individualismes, et de l'homme par exemple.

Là se trouvent avec leur caractère d'infinité, d'éternité, etc., etc., l'intelligence, l'amour, la faculté créatrice, etc., etc., représentées dans l'ordre physique par l'harmonie des faits, la solidarité jetée entre eux, leurs affinités, etc.; dans l'ordre physiologique, par les instincts plus ou moins développés, la sexualité, etc.

15.

L'harmonie du monde réside dans le concours de chaque être proportionné à son degré de développement.

Loi souveraine de l'application de laquelle découlera l'organisation harmonique des sociétés.

16.

Les causes qui ont amené les révolutions du globe ont été successives, graduées et soumises aux lois immuables de la nature.

17.

De mêmes lois président aux créations successives et régissent le monde physique et le monde moral.

A chaque création nouvelle, les lois qui se sont déjà manifestées dans les créations antérieures produisent de nouveaux développements.

18.

Dans la physique se trouve la source des modes puissentiels dont dérivent toutes les manifestations des animaux et de l'homme.

L'histoire sociale reproduit à une plus haute puissance les évolutions de toute la série des êtres qui ont précédé la venue de l'homme.

19.

La nature est une. Il n'y a rien d'isolé dans la nature. Toutes choses sont liées entre elles, et solidaires les unes des autres. De cette solidarité résulte l'harmonie.

20.

Les faits ne sont pas seulement juxtaposés ; ils dérivent les uns des autres : leur rapport est un rapport de génération. L'ensemble des choses constitue, par conséquent, un fait embryogénique.

21.

Rien d'anormal dans la nature, ni dans l'ordre mathématique, ni dans l'ordre physique, ni dans la succession même des événements humains.

22.

Les faits de la création sont échelonnés les uns au-dessus des autres, et, pris à des degrés proportionnels, ils vibrent à l'unisson comme les notes prises à des degrés proportionnels. Toutes choses sont hiérarchisées; l'ensemble des êtres comme les hommes, les hommes comme les peuples, et ceux-ci comme les globes.

23.

Les faits naturels se développent d'une manière analytique et synthétique tout à la fois : analytique, si l'on considère un être par rapport au rôle qu'il remplit dans l'ensemble des choses; synthétique, si l'on considère cet être en soi et dans son harmonie propre.

24.

Toutefois, dans sa tension constante vers un but déterminé dont l'existence est suffisamment établie par sa marche incessamment progressive, la nature, par rapport à ce but dont l'accomplissement entier ne peut avoir lieu sur notre globe, ne peut être considérée à la surface de ce globe que comme un développement analytique. Mais, dans cette grande chaîne analytique, se trouvent des anneaux qui sont comme en saillie sur ceux qui les ont précédés; ces êtres sont la synthèse de ceux-ci; ce sont les types naturels qui deviennent les noyaux d'autant de groupes, si l'on range autour d'eux les êtres qui s'en rapprochent le plus. Ces types constituent des synthèses partielles, et chaque synthèse ultérieure est la synthèse d'un certain nombre de synthèses antérieures. L'homme lui-même, qui résume d'une façon plus complète que tout autre être ceux qui l'ont précédé, n'est qu'une synthèse partielle; la synthèse absolue, c'est Dieu.

25.

Chaque développement est la synthèse d'une gamme antérieure de développement.

Ainsi les êtres qui ont précédé l'homme constituent, par rapport à lui, une analyse dont il est la synthèse.

26.

Les êtres se forment sous l'influence de leurs milieux ambiants : de là leur harmonie avec ces milieux.

27.

Formés par leurs milieux ambiants, les êtres varient en raison de la variation de ceux-ci, et c'est par suite des incessantes, successives et régulières modifications de ces milieux qu'ont pu se manifester des êtres de plus en plus élevés dans la série.

Les variations apportées par la domesticité aux types de certaines espèces, variations dont l'importance n'a pas été assez sentie, établiraient à elles seules la vérité de cette proposition. En effet, de ce que les espèces, modifiées par l'influence de l'homme, retournent à leur type primitif dès que cette influence cesse, on ne saurait, avec l'ombre de raison, soutenir ce qui a été soutenu, à savoir : que l'influence des milieux n'est que momentanée. Nul doute, en effet, que si la constitution atmosphérique, etc., retournait graduellement aux conditions dans lesquelles elle se trouvait à une époque antérieure donnée, les êtres ne se modifiassent successivement en progression rétrograde, pour se conformer à ces nouvelles conditions de vie. Si les modifications imprimées par la nature aux espèces, modifications qui produisent leur diversité, sont durables, c'est que la cause qui les a produites se maintient.

28.

Les causes finales consistent dans l'harmonie préétablie entre les êtres et leurs milieux, harmonie résultant de la puissance plastique de ces milieux à l'égard des êtres qui vivent dans leur sein, et de la faculté providentiellement donnée à ces êtres, et consistant dans leur virtualité, de réargir sur ce milieu.

29.

Chaque individualité est une reproduction, à un échelon spécial, de l'ensemble des choses.

30.

Les propriétés de ces milieux s'y réfléchissent de la même façon que, dans la chambre noire, se réfléchissent les milieux environnants.

31.

L'échelon d'individualité consiste dans le degré

proportionnel d'affranchissement de cette individualité, par rapport au milieu dans lequel elle se trouve.

32.

Le degré de virtualité d'un être consiste dans l'échelon proportionnel de son individualisation.

33.

Le degré de développement d'une individualité est proportionnel au degré de concentration qui s'est opéré en elle.

34.

Ce développement constitue le progrès. Ces deux mots : *progrès, développement*, sont synonymes l'un de l'autre; chaque groupe présente dans son développement une phase *ascendante*, et, parvenu à son apogée, une phase en sens inverse, ou *descendante*. Le progrès n'a pas lieu par l'intervention de propriétés nouvelles, mais par le développement de propriétés déjà existantes.

35.

Le but dernier de ce progrès, c'est la réalisation d'un organisme qui serait un microcosme complet.

36.

Les organismes sont en lutte permanente avec leurs milieux. L'affranchissement des organismes, ou du moins l'établissement de leur équilibre au sein de ces milieux, est le but de cette lutte.

Cet affranchissement est en rapport avec le développement d'une individualité et son degré de virtualité par conséquent.

De même en histoire..

37.

Si toute individualité tend à acquérir une existence propre de plus en plus énergique, elle tend, par cela seul, à s'affranchir de l'influence des milieux ambiants. La mort, pour les êtres inférieurs, est cet affranchissement. Les modes puissentiels des êtres survivent à leur mort; et, par la volonté divine, les êtres dépourvus de conscience vont habiter des organismes de plus en plus parfaits. Comme la matière les âmes sont voyageuses.

38.

Un lien de solidarité est jeté entre les êtres, et ce lien puissentialisé devient le lien moral, ou l'amour qui réunit les hommes en société.

39.

Chaque pas de la nature a lieu dans une multitude de directions, dont la résultante est une ligne ascendante.

40.

La loi embryogénique qui régit le monde, implique nécessairement l'unité de composition des êtres. Cette unité, démontrée dans la série animale, n'appartient pas en propre et exclusivement à cette série, mais se manifeste dans tous les êtres; seulement, si l'on prend ceux-ci au dernier échelon de la série, on ne trouve en eux que la substance homogène dont se sépareront ensuite les différents éléments; éléments dont les rapports ou la *connexion* sont toujours les mêmes, sous la réserve toutefois des modifications qu'apportent dans leur arrangement les *affinités électives* de ces éléments, affinités régies par la loi du *balancement des organes*[1].

41.

Puisque la création constitue un fait embryogénique, il en résulte que chaque être résume ceux qui l'ont précédé, et que, par conséquent, il reproduit dans les premières périodes de son développement les conditions essentielles des types principaux qui se sont réalisés avant sa venue; mais avec un degré de virtualité propre et plus élevé, puisqu'il dépasse le point auquel ceux-ci se sont arrêtés.

Ce fait n'appartient pas seulement à l'ordre physique et à l'ordre physiologique; il a la même valeur dans l'ordre intellectuel et moral.

42.

Les systèmes organiques d'un être sont hiérarchisés entre eux.

[1] Nous ne croyons pas nécessaire de donner plus de développement aux termes de cette proposition. On trouvera suffisamment développé dans les ouvrages de Geoffroy Saint-Hilaire ce qu'on doit entendre par affinité élective, balancement, etc..., etc.... (Voyez, particulièrement à ce sujet, le Disc. prélim. du 1er vol. de la *Phil. anat.*)

43.

Certaines causes peuvent empêcher ou modifier le développement d'un être, de sorte qu'il présente alors dans son organisation l'alliance de caractères pris à des degrés divers de la série.

Cette loi appartient également à toutes les catégories de faits.

44.

Les propriétés s'organisent dans le sein de l'individu de façon à constituer un système complet et harmonieux, qui reproduit l'exemple des choses à un degré proportionnel à celui de son organisation.

Ainsi la création première a été la réalisation d'une existence latente (minéralisme), premier terme de l'individualisation.

Le dernier terme serait la connaissance et la conscience absolues, réflexion intégrale de l'intelligence universelle.

Et tous les degrés intermédiaires autant d'échelons tendant à la réalisation de celle-ci.

45.

Le minéral existe dans une dépendance complète à l'égard du monde environnant, et son accroissement se fait par *juxtaposition*, c'est-à-dire par addition à sa surface, de parties prises au dehors.

46.

Plus tard, l'être s'organise et s'accroît en dedans; par *intussusception*. Il devient alors, comme nous l'avons dit, une véritable chambre réflective dans laquelle, s'organise un monde qui, à travers des développements incessants, tendra à se soustraire de plus en plus à l'influence des milieux environnants, réfléchira à un degré de plus en plus élevé, et concentrera de plus en plus en soi les phénomènes et les lois les plus élevés du monde ; concentration, qui, de plus en plus intime, produira la conscience elle-même.

47.

Que l'être s'organise, qu'il vive en soi d'une vie propre, alors se développeront d'abord les fonctions nécessaires au maintien et à la stabilité de son existence; celle de sa nutrition, pour ce qui est du monde interne; l'irritabilité, pour ce qui est du monde externe : propriété qui lui permettra de se soustraire aux influences désorganisatrices des milieux environnants.

48.

Plus tard, concurremment avec un degré de développement plus considérable, apparaîtra dans le sein de l'être un centre à l'entour duquel tout l'être gravitera, et qui se subordonnera tous les systèmes dont il se compose. Alors existeront à la périphérie du corps, des organes spéciaux par lesquels l'animal sera apte à percevoir l'impression des différentes modifications de la matière : ce sera le premier vestige de la sensation. Avec la sensation coexistera l'instinct, conscience latente et qui s'ignore : *Vivit et est vitæ nescius ipse suæ*. Et cela ne sera encore, comme on voit, qu'un fait de centralisation correspondant avec la centralisation proportionnelle des masses nerveuses.

49.

Avec un degré de centralisation plus élevé encore coïncidera l'apparition de la conscience. L'être aura conscience de sa sensation, conscience de son existence par conséquent, et de celle du monde ambiant, et, par conséquent, *conscience* et *connaissance*, qui, développées incessamment par leur action sur le monde et leur réaction sur eux-mêmes (phénomènes toujours en rapport avec des phénomènes proportionnels dans l'organisme), s'élèveront jusqu'au degré sublime de développement qu'ils atteignent dans l'homme.

50.

L'intelligence est l'âme s'exerçant sur l'externe.

La conscience est l'âme s'exerçant sur l'interne.

C'est par la sensation que l'âme pénètre dans le monde extérieur.

C'est par le sentiment que l'âme pénètre dans le monde intérieur.

Le sentiment est donc à la conscience ce que la sensation est à l'intelligence.

51.

Ce n'est pas là, à beaucoup près, le système de la sensation de Locke et de Condillac. Ce qu'il avait émis; la virtualité de l'être; le *nisi intellectus* de Leibnitz, nous en tenons compte. Nous établissons deux séries parallèles, l'une interne, l'autre externe; l'une perçue par la conscience, l'autre par l'intelligence; celle-ci à l'aide des sens, celle-là à l'aide du sentiment.

52.

Ce n'est point là une dualité *essentielle*, mais une dualité d'*essor*; d'une même essence dérivent l'intelligence et la conscience, ou plutôt celles-ci ne sont que des manières d'être de celle-là; et comme les mêmes lois, qui président à la régie du monde extérieur, se sont réflétées en nous, il en résulte que la conscience et l'intelligence s'appliquent à des phénomènes régis par les mêmes lois. Et, comme à l'intelligence correspond plus particulièrement la science, et à la conscience la poésie, il en résulte que la poésie et la science ont la même portée et les mêmes droits à notre estime. Ce fait nous explique les facultés révélatrices de l'inspiration, et comment les découvertes analytiques viennent confirmer les prévisions du génie, qui ne fait jamais que donner, comme étant dans le monde, les faits déposés, conçus et réfléchis en lui-même; le même fait nous montre aussi ce que nous devons entendre par révélation, qui n'est autre chose qu'un profond sentiment intime, et par le don de prophétie.

53.

L'homme a, pour connaître Dieu, deux voies : l'intelligence et la conscience; l'une nous en révèle la grandeur, l'autre l'infinie bonté. De là deux voies de salut : la pratique du bien et la science.

54.

La morale et la science ne sauraient être en opposition ; puisque la première dérive de la conscience et la seconde de l'intelligence, il en résulte que la morale et la science sont soumises aux mêmes lois.

55.

Elles subissent l'une et l'autre la même série de développements dont la loi comme celle des développements de l'humanité considérée d'ensemble, consiste dans la succession de l'exercice de la Providence, de la fatalité et de la liberté.

56.

La science morale, comme toute autre science, comme la philosophie, comme la religion, se développe donc. A mesure que nous pénétrons plus intimement dans la connaissance des phénomènes externes, la science s'élargit; à mesure que nous avançons dans la connaissance de nous-mêmes, ou des phénomènes internes, la morale se développe.

Science et morale réagissent de plus l'une sur l'autre de la même façon que la conscience et l'intelligence.

57.

Mais c'est à tort, et faute d'un examen un peu attentif, que l'on a voulu conclure des différentes modifications que ces développements impriment à la science morale, que celle-ci est arbitraire. Ses lois sont aussi réelles, aussi fixes, aussi immuables que celles de toute autre manifestation de l'humanité. Sur le cours du développement de la science morale plane, comme partout ailleurs, l'unité de composition, et, comme tout autre, ce développement est embryogénique. La loi de la succession d'action de la Providence, de la fatalité et de la liberté explique les différents caractères que la science morale revêt dans sa translation dans le temps et l'espace.

58.

Le libre arbitre est proportionnel à la virtualité de l'être : il consiste dans la subordination et l'emploi des lois du monde, par cette virtualité en vue du but prescrit par la Providence.

59.

Mais pour arriver à ce but auquel elle tend infailliblement, des voies diverses sont ouvertes devant l'humanité, et la liberté humaine consiste dans son égale aptitude à entrer dans l'une ou l'autre de ces voies; seulement, bien que tendant toutes au même but, ces voies n'y mènent pas d'une façon également directe et efficace. A cette dualité d'essor de l'humanité correspondent la science et l'erreur, le bien et le mal; mais il est dans la loi des choses que le mal provoque constamment une réaction en excès contraire, en sorte qu'il devient lui-même un vigoureux agent d'impulsion vers le bien; et c'est cette loi providentielle de balancement qui empêche l'humanité de se fourvoyer sans retour, lorsqu'elle est entrée une fois dans la voie de l'erreur.

Mal et bien correspondent donc à la dualité d'essor qui résulte de la liberté humaine.

60.

Les passions sont les mobiles de l'individu au sein duquel elles se développent; ce sont autant d'attractions et de liens jetés entre cet être et son milieu. A ce titre elles sont sacrées, elles sont saintes, elles viennent de Dieu même.

61.

Libre, l'homme possède virtuellement le pouvoir de diriger ses passions; mais cette liberté, que tout homme apporte virtuellement en naissant, ne peut se développer que dans certaines circonstances déterminées. Dans sa lutte permanente avec ses milieux, l'homme peut donc succomber : obligé alors de se subordonner complétement à ces milieux dont l'influence est toujours en raison inverse de sa virtualité, il en reçoit l'impulsion au lieu de la leur imprimer, et reste déshérité de tout pouvoir sur lui-même : de là l'erreur, de là le crime.

Ayons le courage de déduire les réelles conséquences de la proposition 21 en ce qui concerne ce sujet.

Les aberrations de l'esprit humain ne sont pas plus des anomalies par rapport aux lois souveraines de la morale, que les cas tératologiques ou pathologiques vis-à-vis celles de l'anatomie et de la physiologie. Elles résultent de deux faits fondamentaux et invariables : la dualité d'essor de l'esprit humain, et l'influence des milieux sur le développement des individualités. Justement incriminées d'un point de vue spécial, elles sont absoutes devant les lois éternelles du monde. Il n'y a pas de passions mauvaises, il n'y a que des milieux marâtres au sein desquels la vie n'est possible qu'à condition que les êtres s'abâtardiront; et cela est dans les lois imprimées de toute éternité à la matière aussi bien qu'à l'esprit. S'il y avait des passions mauvaises, le crime remonterait à Dieu. Devant une telle conséquence, dont la rigoureuse logique ne saurait être raisonnablement révoquée, nous devrions reculer avec effroi! Avant d'accuser Dieu, osons nous interroger nous-mêmes, et si nous avons fait un mauvais usage des dons qu'il nous a prodigués, humilions-nous, c'est ainsi qu'on devient fort; rentrons dans les voies du Seigneur, assainissons ces milieux empestés au sein desquels ne croissent que des plantes vénéneuses. Dieu ne saurait être plus passible du crime que de l'erreur, et déjà Descartes a dit, il y a près de deux siècles : *que nos erreurs sont des défauts de notre façon d'agir, mais non de notre nature*[1].

62.

Les mérites ou les démérites de l'homme, pendant sa vie, déterminent son état ultérieur.

[1] Desc. principes de la Philosophie, édit. in-4°, en français, Paris, M. DC. LXXXI.

63.

Dans toutes les catégories de faits, chaque fonction peut être remplie successivement par plusieurs organes ou modes puissentiels. Cette loi, découverte par Isidore Geoffroy Saint-Hilaire, en anatomie, et à laquelle il donne le nom de LOI DE RÉNOVATION DES ORGANISMES, n'appartient pas exclusivement à cette catégorie; elle agit dans l'ensemble de toutes choses, et c'est par elle que l'industrie humaine en vient à remplir l'œuvre à laquelle était destinée toute la création antérieure, le maintien de l'équilibre de toutes choses à la surface du globe.

64.

L'humanité est sortie de la zoologie, cela est attesté physiologiquement par les rapports immédiats de l'homme avec les êtres qui ont précédé sa venue; psychologiquement, par l'absence complète de souvenir d'une vie antérieure à notre existence terrestre.

65.

L'humanité constitue un organisme d'un ordre spécial.

66.

Il y a unité de composition en histoire comme en zoologie par exemple. Les éléments sociaux sont partout en même nombre, ou si leur nombre varie, c'est que l'un ou quelques-uns de ses éléments se trouvent absorbés par d'autres; et à mesure que l'on descend la série, on voit ces éléments se confondre, disparaître même, de la même façon que tous les éléments organiques se confondent dans la substance homogène des êtres placés à l'extrémité inférieure de la série animale; on n'a plus alors que le germe d'où, par une série de développements successifs, jaillissent successivement ces différents éléments.

67.

Ces éléments sociaux se trouvent toujours entre eux dans les mêmes connexions, et cette connexion n'est troublée en apparence que par l'absorption d'éléments par d'autres éléments, fait qui découle, comme en zoologie, de l'affinité élective de ces éléments les uns pour les autres, et qui est régie, comme en zoologie encore, par la loi de balancement, en vertu de laquelle le plus grand développement d'un élément n'a lieu qu'aux dépens du développement d'un autre élément, et s'effectue en raison directe de l'atrophie de celui-ci.

68.

L'homme étant la synthèse de la création antérieure, il en résulte que son développement offre, sur un échelon plus élevé, la reproduction des développements antérieurs.

69.

A son début, comme l'enfant, l'humanité possède en elle la virtualité dont le développement constitue son histoire; de même qu'à la création préexiste la puissance créatrice. C'est une synthèse latente. Représentante de l'absolu, cette phase est la phase initiale de tout développement, et est, en outre, représentée spécialement dans l'histoire par les peuples orientaux.

Tous les peuples ont gardé mémoire de cet état antérieur et primitif, et le christianisme l'a désigné sous le nom d'*Éden*.

70.

Mais de même que Dieu s'est manifesté par la création, de même qu'un corps devenu incandescent, et réduit à un état d'atténuation excessive, se disperse, se répand dans le monde, et devient alors, sous la forme de fluide lumineux, l'agent de toute création ultérieure et du grand développement des êtres; la virtualité, jusqu'alors latente, de l'humanité se manifeste, ses éléments se diffractent, et la dispersion de l'humanité s'opère.

71.

Or, comme celui de toute la création antérieure, le développement de l'humanité, bien qu'analytique et synthétique tout à la fois dans chacune de ses manifestations, est toutefois successivement analytique et synthétique, si l'on le considère par rapport au but vers lequel il tend. Ce développement qui n'est rien autre chose que le morcellement transitoire de l'humanité sous toutes ses faces, enfantant nécessairement une infinité de maux ; cette dispersion a été considérée comme une *chute*.

La théologie chrétienne nous montre l'humanité personnifiée dans Adam et Ève, bannie du Paradis terrestre pour avoir goûté le fruit de l'Arbre de la Science ; admirable fiction qui symbolise le fait cosmogonique de la dispersion des éléments synthétiques en ce qui concerne l'humanité ! Par le Paradis, la théologie chrétienne entend cette synthèse initiale, avec laquelle, comme avec celle de l'enfant, coïncide une ombre de bonheur ; l'Arbre de la Science, c'est la destinée de l'humanité, céleste si le bien fructifie, terrestre si le mal seul se développe ; et la Femme qui séduit l'Homme personnifie les biens terrestres pour la jouissance desquels l'humanité semble avoir abandonné le bonheur dont elle jouissait, fiction de laquelle a résulté le sort de la femme, paria sur la terre, et dans le ciel en intercession ; bien qu'en réalité l'humanité n'ait accepté ces biens passagers que comme transition nécessaire vers la réalisation de ses vagues mais sublimes aspirations. Car, en effet, s'il y a chute, c'est de la même façon que lorsque Dieu se manifeste dans le monde ; s'il passe par le minéral, c'est pour produire une succession d'êtres devant l'un des moins parfaits desquels l'intelligence humaine elle-même s'obscurcit !

72.

La dualité d'essor qui peut lancer chaque homme dans deux voies opposées divise de même les individus ou groupes sociaux ; et de même qu'il y a lutte entre l'organisme humain et les organismes qui ont précédé sa venue, la même lutte se manifeste entre les peuples policés et les peuples barbares, représentant chacun l'une de ces voies et de ces organismes divers.

De même que la création inorganique décroît en raison du développement de la création dite organique, de même qu'un semblable rapport se manifeste entre le développement de l'organisme humain et de la création organique, de même enfin que la tendance de la lutte des individualités avec leurs milieux est incontestablement, en dernière analyse, le triomphe de ces individualités, le résultat de la collision des peuples barbares et des peuples policés, fait correspondant, est invinciblement le triomphe du dernier élément sur le premier, celui de l'intelligence sur la matière.

73.

Il n'a pas appartenu à l'humanité d'empêcher l'accomplissement de ce qu'on a considéré comme une *chute;* car, à cette époque, pas plus que l'enfant, l'humanité n'était libre.

74.

La *rédemption,* c'est la reconstitution des éléments synthétiques, de la même façon que la reconstitution sous l'action de l'électricité des éléments disséminés par le fait de la combustion; c'est la tendance de l'humanité et le but de son développement.

75.

L'humanité se diffracte en un certain nombre de groupes naturels dont chacun représente un des éléments synthétiques de l'organisme spécial que cette humanité constitue.

76.

L'idée essentielle ou primaire de l'humanité se diffracte pour constituer autant d'idées relativement spéciales, synthèses en soi ; l'idée du beau, celle du juste, etc., dont le culte produit l'art, l'état, etc., dont chacune est soumise aux mêmes lois de développement que l'humanité même, et dont la tendance et le but dernier est de se rallier et de se reconstituer par cette fusion, à l'état d'unité.

De même pour les différents modes d'investigation et les différents degrés de certitude que possède l'homme.

77.

Chacun des groupes naturels résultant de la diffraction de l'humanité, est lui-même un organisme d'un ordre spécial, au sein duquel se trouvent des éléments correspondants à celui qu'il constitue lui-même par rapport à l'ensemble de l'humanité ; et de même pour chacun de ces éléments jusqu'aux dernières limites. Voilà ce qui a lieu dans l'espace.

78.

Dans le temps, chacun de ces groupes naturels, représentant d'un élément synthétique, se développe et tend par ce développement à l'acquisition de chacun des éléments dispersés dans les autres groupes.

79.

Ces divers groupes sont hiérarchisés à la façon des groupes de la zoologie, par exemple; et, comme pour ces derniers, chaque groupe historique est la synthèse partielle des groupes antérieurs.

80.

De la même façon que ces groupes sont hiérarchisés entre eux, chacun offre une hiérarchie semblable dans son organisation; et de même que parmi ces groupes naturels ou peuples, il s'en trouve qui sont la synthèse des autres groupes, dans son organisme chacun de ces groupes offre des systèmes ou des éléments qui sont la synthèse des autres. Et de même si l'on considère les individus humains. Les grands hommes ne sont autre chose qu'une synthèse toute semblable, résultat d'une réflexion des milieux environnants, jointe à leur propre virtualité.

C'est ainsi que le développement de l'humanité est tout à la fois analytique et synthétique.

81.

A mesure que chaque groupe social se développe, il tend, comme les êtres naturels, à s'affranchir de son milieu; cette tendance transitoire aboutit à l'établissement de l'équilibre entre ce groupe et son milieu.

82.

Dans l'histoire de l'humanité et dans celle de chaque individu humain, le grand phénomène cosmogonique de la succession et de la simultanéité, des manifestations de la Providence, de la fatalité et de la liberté se produisent; et de même que la liberté ne s'est manifestée dans le monde qu'en dernier lieu et d'une façon éclatante par l'apparition de l'homme, la liberte n'apparaît dans chaque individu et dans l'humanité qu'après la succession des mêmes phénomènes qui ont précédé l'apparition de l'homme, et concurremment avec eux.

83.

De même que la puissance de la création dite inorganique est en raison inverse de la puissance de la création des êtres dits organisés, l'influence matérielle des milieux ambiants décroît en raison du développement intellectuel de l'humanité.

Même fait, soit que l'on considère un peuple par rapport aux différents états au milieu desquels il se trouve placé, soit que l'on ait égard à l'individu par rapport au milieu social au sein duquel il se trouve.

84.

Pas plus que sa distribution géographique, le développement ascendant de l'humanité n'a lieu en ligne droite. Comme celui des animaux, par exemple, ce développement a lieu dans une multitude de directions diverses, et la résultante de ces directions est une ligne droite ascendante.

85.

Sous le rapport intellectuel, l'histoire de l'humanité, à partir de sa dispersion, nous présente trois phases ou époques : une synthèse préparatoire; la diffraction des éléments de cette synthèse, et alors l'étude analytique des faits; puis une synthèse définitive.

86.

Sous le rapport politique, le même fait : immobilité de l'Orient; dispersion de petites nationalités; essai de réalisation de l'unité partielle du monde.

87.

Puis, quand le pouvoir politique s'est établi, et que l'humanité a, par ce fait, pris possession définitive de l'administration du globe, alors, comme l'humanité tend à se matérialiser dans cette voie, en vertu de la dualité d'essor de l'esprit humain, un nouveau pouvoir s'élève dans une autre voie; pouvoir qui, en vue de l'avenir, s'opposera aux envahissements incessants du pouvoir temporel : c'est l'Église.

88.

La fusion de ces deux pouvoirs forme une troisième phase dans l'histoire de l'humanité considérée d'ensemble.

89.

La religion procède dans ses développements par l'emploi des mêmes moyens que la philosophie.

90.

Comme celui de l'humanité auquel il appartient, le développement des religions a été analytique et synthétique en même temps.

91.

A l'origine, l'homme s'est complu dans l'adoration de l'absolu, de l'infini, l'éternel, l'immuable.

92.

Plus tard, et suivant la loi d'après laquelle Dieu se manifeste dans la création, ou bien encore suivant laquelle la lumière traversant les espaces intrastellaires devient à la surface du globe qu'elle affronte, l'agent du développement qui s'y opère, l'homme s'est immobilisé, et, comme Dieu qui s'était incarné par le fait de la création, son culte aussi s'est matérialisé.

93.

Le culte humain a subi la loi des développements antérieurs. De même que la création avait procédé à la surface du globe par le minéralisme, l'homme s'est voué à l'adoration des pierres, ou du moins, et c'est ainsi qu'il faut entendre notre pensée, les minéraux ont été considérés comme les symboles de la Divinité, et ainsi pour les différents objets des cultes ultérieurs.

94.

De même qu'à la création des minéraux avait succédé celle des plantes et des animaux, à l'adoration des pierres a succédé celle des végétaux et des animaux.

95.

De même que le résultat de ces créations avait été l'apparition même de l'homme ; au *minéralisme*, au *végétalisme* et à l'*animalisme* a succédé le culte de l'homme ou l'*hominalisme*, le culte de l'homme dans ce qui se trouve en lui de plus noble, ses passions, personnifiées alors sous les noms d'autant de divinités.

96.

Mais, de même qu'avec l'apparition de l'homme coïncidait l'apparition d'une conscience et d'une intelligence qui lui permettait d'atteindre à la connaissance de lui-même et de pénétrer dans celle du monde, et aussi de l'essence divine ; après que l'humanité se fut vouée à l'adoration des différentes créations qui l'avaient précédée et à celle d'elle-même, elle dut, donnant à son culte un développement semblable à celui qu'avait atteint la création par l'apparition de l'homme, s'élever à la contemplation d'une essence supérieure, et, après l'adoration des créatures, à l'adoration du Créateur. De là le culte du vrai Dieu.

97.

Mais ce nouveau culte, ou plutôt cette puissentialisation des cultes antérieurs, dut suivre la même loi que ceux-ci : la loi de progression analytique.

De même que l'humanité avait adoré successivement chaque création partielle, elle dut adorer successivement les différentes perfections de Dieu; et celles des perfections de Dieu au culte desquelles elle dut tout d'abord se livrer dûrent être celles qui se révélèrent comme les premières agissant dans le monde.

Et de même que son culte avait commencé par la contemplation de l'absolu et s'était continué par les premiers échelons de la création, elle dut étudier Dieu en tant qu'existant en soi, mais riche de l'expérience du passé, ne le considérant plus comme les premières religions, comme étant en dehors du monde; elle dut l'étudier aussi en tant que se manifestant, sans pour cela tomber dans le culte grossier des Chaldéens, de la trinité chrétienne, etc.

98.

L'œuvre des philosophies et des religions ultérieures consistera dans la révélation et l'adoration des autres propriétés de Dieu.

99.

Les symboles religieux renferment virtuellement les développements ultérieurs de l'humanité.

100.

Tout organisme tendant à s'affranchir de son milieu ambiant, tout ce qui gêne cette tendance est le mal. La volonté est donnée à l'homme pour acquérir sa liberté en s'appliquant à dominer le monde ambiant. Cette proposition appartient à l'ordre politique aussi bien qu'à l'ordre physique.

101.

Le problème de la vie terrestre est l'établissement de l'équilibre à établir entre l'individu et le milieu dans lequel il vit.

102.

Le mal est donc en raison composée de l'influence des milieux sur un être, et du degré de virtualité de cet être. Or, le développement des milieux et celui de la virtualité étant en raison inverse l'un de l'autre, il en résulte que le mal est en raison inverse de la virtualité d'un être. Cette virtualité, en se développant, tend en effet à dominer et à s'assimiler même ce milieu. L'établissement de l'équilibre entre un être et ce milieu, équilibre d'où résulterait pour cet être un exercice plus libre de ses modes puissentiels, entraînerait la moindre somme de maux possible ; mais, comme avec la liberté humaine coïncide la conscience de ses destinées, il en résulte qu'un milieu, quelque équilibre qu'il soit avec le plus libre développement possible des facultés humaines (je dis quelque équilibre qu'il soit avec le plus libre développement possible des facultés humaines, pour spécialiser le cas ; car il est évident qu'en raison du balancement établi entre le développement d'un être et son milieu, il y a toujours équilibre entre eux, soit par un degré égal de développement chez l'un et chez l'autre, soit par la prépondérance de l'un sur l'autre; ici, c'est avec prépondérance de la virtualité humaine), que ce milieu, dis-je, est encore, relativement aux aspirations de l'homme vers un avenir meilleur, un mal.

103.

Puisque le développement de la virtualité est en raison inverse de celle du milieu, l'homme ne doit pas se consumer dans de vaines et solitaires aspirations, mais tourner tous ses efforts vers la domination et l'assimilation de ce milieu. De cette manière, sa virtualité se développant, il pénétrera de plus en plus intimement dans la connaissance des choses qu'il pressent, et à la jouissance desquelles il aspire. De là la nécessité de la vie collective dans la question du salut; car, en raison de la solidarité qui lie tous les membres de la famille humaine comme à titre de parties d'un même organisme, il est évident que le but vers lequel tend l'humanité ne peut être atteint que par le concours ou la participation de tous. Le degré de participation est en raison composée de la virtualité d'un être et de l'influence des milieux qui l'environnent.

104.

De la solidarité de tous les membres de l'organisme humain résulte, pour chacun d'eux, l'égalité, en tant que membre de cet organisme, et du concours de chacun de ces membres des droits proportionnels à l'efficacité de ce concours, efficacité déterminée par les facultés et les aptitudes de chaque être.

105.

Puisque de la solidarité qui régit les hommes résultent l'harmonie de l'organisme humain et son libre déploiement fonctionnel, il s'ensuit que le lien qui lie les hommes entre eux est un lien d'amour, lien qui émane de Dieu même, et qui, déjà avant la venue de l'homme, s'est manifesté sous des formes spéciales déterminées par son degré de développement dans chacun des organismes qui la précède.

106.

L'amour de soi n'est autre chose que le même lien établi entre chaque individualité et son milieu, pour la conservation et le plus grand bien-être possible de cette individualité.

Ce lien est établi entre chacun des membres de l'organisme humain pour résister collectivement à l'action des milieux qui l'environnent et l'amener à triompher de ces milieux.

107.

Le mal étant ce qui trouble ou empêche les manifestations de la virtualité d'un être, et l'existence terrestre comprimant sans cesse notre aspiration vers un état meilleur, il en résulte que l'existence terrestre même est un mal. Tous nos efforts doivent tendre à devenir dignes d'une existence plus prospère. La vie future sera en raison de la sincérité de notre aspiration.

108.

Pendant le règne du mal même, l'homme peut cependant mériter la grâce. Par la volonté, il peut, dirigeant ses pensées, il peut, à l'aide d'un exercice soutenu de cette volonté et avec le secours d'une foi sincère, dominer jusqu'à la douleur même, la douleur comme la joie, comme toute sensation, tout en les acceptant. C'est l'affranchissement de l'intelligence, l'exercice *indéfini* de la pensée, la liberté dégagée de toute entrave ; mais dès ce moment l'existence humaine est accomplie....

109.

L'existence terrestre n'est que passagère, et les destinées de l'humanité s'accompliront sur d'autres globes.

110.

Notre époque a pour mission de préparer celle de la reconstitution synthétique de l'humanité.

---

## XII

Certes, nous n'avons pas eu l'intention, dans les propositions qui précèdent, non-seulement de donner un système des connaissances humaines, mais même de faire supposer que nous sommes en possession de donner la solution des questions que ces propositions soulèvent : on comprend qu'il y a là la vie de bien des hommes, et cette explication serait au moins superflue, si nous ne savions qu'il y a parmi le monde des gens qui, faisant métier de dénaturer les pensées des autres, ne laisseront certainement pas passer notre travail sans le salir de la boue de leur critique. Nous n'avons énoncé en général que les propositions qui tendent à démontrer l'unité embryogénique du monde. Il en est beaucoup d'autres, qui, comme celles qui se rattachent à la question du bonheur, du libre arbitre, des propriétés de Dieu, de la fatalité, de la Providence, des causes finales, de l'immortalité et de la transmigration des âmes, sont d'une importance fondamentale et doivent être rangées en première ligne dans un système général, mais que nous avons dû passer sous silence parce qu'elles n'étaient pas nécessaires à la démonstration dont, par les propositions qui précédent, nous voulions faire entrevoir la possibilité. Nous n'avons voulu, nous le rappelons, que poser ici un *a priori*, une conception préliminaire qui nous servira de guide dans nos travaux, et à la vérification de laquelle nous devons incessamment nous livrer. Aussi avons-nous laissé sciemment bien des lacunes que nous aurions pu au moins essayer de combler; mais, renvoyant tout ce travail au livre dans lequel nous pourrons aborder franchement et complétement la question, au lieu de ne la traiter qu'en passant, nous n'avons voulu que rendre évidente par ces propositions, dont chacune sera l'objet d'un chapitre ou d'une dissertation spéciale, de rendre, dis-je, évidente l'opinion que nous avions d'abord énoncée; manifeste le jour que toutes les sciences, traitées d'ensemble et embryologiquement, jettent les unes sur les autres, et enfin l'immense avantage à retirer de la méthode que nous proposons. Nous ne nous arrêterons donc pas, après ce franc et loyal aveu, à répondre par anticipation aux objections sincères ou malveillantes que ces questions pourraient soulever. Avant de juger, les gens de bonne foi voudront bien lire l'ouvrage, après avoir parcouru la préface.

Mais cet *a priori* ne peut être d'usage, on le conçoit, qu'après que nous avons amené chaque science spéciale au degré de développement où ses points de contact se multipliant en quelque sorte, ses liens avec les sciences voisines deviennent évidents. Examinons donc ce qu'il y a à faire, du point de vue où nous nous sommes placés, pour pouvoir ensuite se lancer franchement dans la voie que nous venons d'indiquer, et dans laquelle, nous ne craignons pas de l'affirmer, s'opéreront dorénavant les plus hauts progrès des sciences.

Déjà, ainsi que nous l'avons dit, la voie a été largement préparée par les travaux mêmes de nos devanciers. En outre que les efforts faits dans chaque spécialité ont permis de mieux connaître ces spécialités, ils ont conduit eux-mêmes à des généralisations de plus en plus hautes : c'est ainsi, comme nous l'avons dit, que de l'anatomie, considérée d'abord isolément chez l'homme et chez les animaux, a dû jaillir nécessairement l'anatomie comparée; que des progrès de celle-ci a dû sortir l'anatomie philosophique, et que l'influence que cette dernière science devra avoir sur l'anthropologie n'est plus pour personne un objet de doute. La classification elle-même tend à devenir de plus en plus naturelle, et tous les travaux qui s'opèrent dans cette voie démontrent d'une façon évidente la nécessité d'une grande réforme. A mesure que les sciences enregistrent de nouveaux progrès, les vaines limites que l'ignorance des temps passés prétendit élever entre la science des corps dits organisés et de ceux considérés comme inorganiques, s'effacent de plus en plus, et l'on conçoit le moment où il deviendra possible de rallier entre eux tous ces fragments d'une puissante unité. De même que la zoologie a vu, dans ces derniers temps, de magnifiques travaux philosophiques, qui, comme ceux de Geoffroy Saint-Hilaire en France, d'Oken et de Carus en Allemagne, lui ont donné un immense degré d'importance, la botanique aussi a vu subitement son champ s'élargir par l'importation des mêmes considérations philosophiques, sous l'inspiration desquelles sont nés les travaux de Goëthe, de Decandolle, de Raspail, Moquin-Tandon et autres; et la minéralogie, non plus, ne s'est pas soustraite à cet élan : mais nous sommes dans l'obligation de pousser ces travaux plus loin encore.

Le premier but que, comme naturaliste, nous devons nous proposer, est d'établir la fusion des sciences naturelles. Il s'agit de les étudier comparativement dans leurs différentes sections; de noter le point de contact de celles-ci, leurs rapports; la nature et le degré de ces rapports; d'échelonner les faits suivant leur degré d'importance et leur ordre naturel, sans s'astreindre à l'emploi des classifications artificielles, qui ne deviennent plus alors que des moyens d'arriver à ce but dernier. Déjà, chacune de leurs sections, la zoologie par exemple, est divisée en groupes divers : tels sont, en général, les familles, les classes, les ordres, les deux embranchements même du règne animal. Mais, suivant le principe même que nous avons énoncé (proposition 39), et qui trouve ici sa confirmation, ces faits loin d'être disposés naturellement comme ils le sont dans nos catalogues scientifiques, c'est-à-dire en séries linéaires, suivront une multitude de voies diverses, encore indéterminées. « La nature, dit

Buffon, ne fait pas un pas qui ne soit en tous sens. » Le problème à résoudre, c'est la détermination de toutes les directions diverses dans lesquelles s'épanche, en quelque sorte, chaque création. Si, par exemple, nous avons à étudier la classe des mammifères, bien loin que nous puissions ranger tous les êtres qui la composent sur une seule ligne qui partirait des oiseaux pour s'élever jusqu'à l'homme, nous verrons cette classe envoyer dans plusieurs directions des êtres qui seront autant de rayons tendant à établir chacun un point de contact de plus entre le type mammifère et les différents types animaux. Ainsi, non-seulement nous aurons des familles parallèles entre elles (suivant la remarque d'Isidore Geoffroy Saint-Hilaire, qui, le premier, a fixé l'attention des savants sur ce point important), comme les viverrins et les musteliens, qui se correspondront exactement, de telle façon que ni l'une ni l'autre n'occupent dans le système naturel une place supérieure ; mais, de plus, ainsi que nous avons déjà eu l'occasion de le faire remarquer dans un autre travail, nous rencontrerons des êtres qui, par leurs organes de locomotion, joindront, comme les chauves-souris, les mammifères aux oiseaux ; ou aux poissons, comme les cétacés ; d'autres êtres qui, comme l'ornithorhynque, établiront, par leurs organes de la manducation, un nouveau passage vers les oiseaux ; qui, par leur mode de génération, joindront les animaux vivipares aux ovipares, après que les marsupiaux nous auront déjà offert un exemple frappant de la gradation du type vivipare, par l'existence d'un cloaque et par différentes particularités du squelette, particulièrement la clavicule antérieure, un nouveau passage aux oiseaux ; des animaux qui, comme les fourmiliers et les morses, présenteront dans leur système dentaire, la dégradation du type mammifère ; comme les tatous, une même infériorité dans la nature crétacée de leurs téguments, ou bien, comme des êtres pris en différents lieux de la série, et qu'il serait trop long d'énumérer ici dans certaines particularités, soit du squelette, soit du système vasculaire, soit du système nerveux, des caractères qui traduisent évidemment une infériorité de grand développement. Si nous passons à la classe des oiseaux dont Linné a dit, avec raison, qu'ils constituaient la classe la plus naturelle de tout le règne animal, nous y trouverons, comme le plus remarquable exemple de cette sorte de distribution, l'autruche et le casoar reproduisant certaine disposition anormale de l'organe mâle des animaux mammifères; les reptiles, qui, par opposition aux oiseaux, forment sans contredit la classe la moins naturelle de l'embranchement des animaux vertébrés, et qui ne sont évidemment qu'un point de transition entre les poissons et les deux autres classes de vertébrés, nous offriront les mêmes irradiations dans tous les sens; parmi les sauriens nous rencontrerons, pour ne citer qu'un exemple, les ptérodactyles qui s'élèveront immédiatement, par leur mode de locomotion, jusqu'aux animaux de la deuxième classe des vertébrés. Le même ordre nous montrera, dans les crocodiles, suivant la remarque faite par M. Martin Saint-Ange, une disposition de l'organe central de la circulation, qui, déjà supérieure à ce que l'on observe chez les autres reptiles, établira un point de transition de plus entre cette classe et celle des animaux à sang chaud; ces mêmes crocodiles nous offrent, comme les chéloniens, dans certains arrangements très-remarquables de leurs parties squelettiques, le premier rudiment de dispositions analogues chez les oiseaux, et la clef de celles-ci, ainsi qu'il résulte des magnifiques travaux d'anatomie philosophique de Geoffroy Saint-Hilaire, et, par opposition, une respiration abdominale à la manière d'un grand nombre d'animaux invertébrés. Les batraciens enfin, qui plus que tous les autres ordres s'éloignent de la classe des reptiles, et qui nous offrent l'un des plus beaux exemples de transition que renferme le règne animal, nous présenteront, suivant la belle remarque du professeur de Blainville d'une part, comme passage aux poissons, les protées, les ménobranches, les axolots; comme transition vers les sauriens, les salamandres, les tritons, les ménopomes, les amphiumes; vers les ophidiens, les cécilies, etc.

Si nous passons à la classe des poissons, nous aurons immédiatement à constater un fait tout analogue; ainsi, tandis que, par leur squelette, leurs organes de la locomotion, et certaines autres dispositions dans d'autres systèmes, les poissons osseux nous offriront une organisation supérieure à celle des chondroptérygiens, ceux-ci toutefois, inférieurs sous ce rapport, s'élèveront tout aussitôt par les caractères importants déduits de leur système nerveux, et par leurs organes de la génération, au-dessus des poissons proprement dits, et il nous arrivera de retrouver parmi ceux-ci certaines dispositions qui, par leur infériorité, nous rappelleront, comme le cœur caudal de l'anguille, des caractères qui, ne pourraient dans une classification linéaire s'élever plus haut que l'embranchement des invertébrés. D'un autre côté nous trouverons dans la même famille une transition encore bien imparfaite sans doute, mais réelle, vers la génération vivipare. Enfin, si du même point de vue, nous examinons les poissons cartilagineux, nous y trouverons, alliée aux caractères élevés que nous avons cités, une infériorité évidente dans d'autres dispositions : ainsi un squelette membraneux, qui même disparaît à certaines époques de l'année, etc., etc....

Les animaux invertébrés ne sont pas

moins féconds dans ce genre d'exemples; mais, sans nous arrêter davantage à une exposition qui réclame un ordre méthodique, et plus de place que nous ne pourrions lui en accorder ici, nous nous bornerons à rappeler que la même classe, celle des mollusques par exemple, nous présente des êtres appartenant à des échelons très-divers de la série animale; que, tandis qu'il s'en trouve chez lesquels les cinq sens sont assez manifestes, qui sont pourvus d'un cœur très-compliqué dont tous les viscères offrent un développement remarquable, dont le centre nerveux céphalique n'a plus rien de comparable a ce qui se rencontre dans tout le reste du second embranchement des animaux, peu à peu tous ces organes s'effacent, la tête disparaît, et avec elle tout organe spécial de sensibilité; il en est qui, fixés toute leur vie à la même place, sont privés complétement de toute faculté locomotrice, dont le corps s'enroule, chez lesquels les sexes se trouvent réunis ou qui même ne présentent plus que le sexe femelle, et qu'enfin ils se lient aux animaux rayonnés par les biphores, les pyrosomes, d'une part, les physales et des dypheis de l'autre; aux vertébrés par les céphalopodes, qui, pourvus d'un appareil complet de circulation, respirent, comme les poissons, par des branchies, ont au-dessus de l'anneau nerveux œsophagien un cerveau renfermé dans une sorte de boîte crânienne, etc.....

Les animaux articulés qui, par les annélides, se lient aux animaux du premier embranchement, et, par une dégradation insensible, au dernier échelon de la série animale, nous fournissent des considérations tout analogues. Ainsi tandis que, par leur système de circulation, leurs viscères, l'ensemble enfin des organes de la vie automatique, les mollusques sont incontestablement supérieurs aux articulés, d'autre part ces derniers se placent au-dessus d'eux par leur sensibilité incomparablement plus développée, les admirables instincts de quelques-uns d'entre eux, et leur faculté de locomotilité. De même, parmi ceux-ci, tandis que sous le rapport de la vie de relation, les insectes proprement dits doivent être rangés avant les annélides, celles-ci leur sont certainement supérieures quant à la circulation et à la couleur de leur sang; quelques-unes d'entre elles présentent même un facies exactement semblable à celui de certains poissons, des organes de la manducation également semblables, et une disposition analogue aussi des organes digestifs. Il en est, au contraire, parmi ceux-ci, qui, fixés invariablement à des tubes, semblent reproduire cette circonstance remarquable de l'immobilité de certains mollusques testacés; il en est de même qui, ne se distinguant que par une dégradation insensible des plus élevées dans la série, vont se confondre avec les zoophytes, et qu'ainsi le passage de ceux-ci aux groupes supérieurs se trouve établi par plusieurs séries et dans plusieurs directions à la fois; tandis que certains crustacés sont supérieurs sous le rapport des centres nerveux au reste des animaux articulés, ils sont inférieurs à ces derniers par l'absence de véritables vaisseaux distincts; il en est même parmi eux qui sont complétement dépourvus de tout organe spécial de respiration, de cœur aussi bien que de vaisseaux, chez lesquels même, comme chez les lernées et les chondrachantes, s'anéantit le système nerveux, et dont l'infériorité de développement est tel, que certains auteurs les rangent parmi les zoophytes. Ces deux séries, se liant ainsi toutes deux aux derniers échelons de la série animale, et tendant également, quoique par des caractères divers, vers le premier embranchement du règne, peuvent, sous ce rapport, être considérées comme formant deux séries parallèles. Ainsi, il ne suffit plus de considérer les mollusques et les articulés comme formant deux séries parallèles, car les articulés, pour ne citer qu'un exemple, doivent être démembrés en séries parallèles, au même titre; puis que, tandis que les annélides se lient intimement aux zoophytes, de même, il est des crustacés chez lesquels le cœur, après une dégradation insensible, finit par disparaître, qui n'ont plus d'organe spécial de respiration, etc., qui ne se distinguent que par des nuances peu tranchées des crustacés les plus élevés en organisation; qui non-seulement ont avec ceux-ci ces rapports de filiation, mais qui, suivant la remarque du savant Milne Edwards, se confondent presque, dans leur premier âge, avec les lernéens et les cyclopes, et que cependant on a classés parmi les zoophytes. D'autre part, une série transversale, établissant le passage vers l'une et l'autre de ces séries, est formée par les lépas et les balanus (*nématopodes*), qui ont un système nerveux ganglionnaire placé au-dessous du tube digestif, et qui, d'autre part, ont tous les caractères de mollusques; et par les oscabrions (*chiton*, polyplaxiens), qui ont un système nerveux bilatéral, comme les mollusques, mais formé de ganglions en série, comme chez les articulés; dont la bouche et les pieds les rapprochent des patelles, et dont les pièces calcaires demi-articulées, disposées en série à la face supérieure du corps, rappellent l'organisation des articulés : animaux qu'en raison de ces caractères mixtes, l'un des plus savants hommes de notre époque, le professeur de Blainville, nomme du nom commun de *malentozoaires*, bien que, comme il le remarque lui-même, ils n'aient d'autre caractère commun que d'être également intermédiaires à la série des articulés (ou *entomozoaires* dans la nomenclature de ce naturaliste), et les mollusques (ou *malacozoaires*). De même, les pycnogonides oscillent, en quelque sorte, entre les arachnides et les crustacés..., etc....

Il y a plus : non-seulement nous voyons deux séries, comme les mollusques et les articulés, parallèles entre elles, être supérieures l'une à l'autre par des caractères divers; mais, dans le même animal, nous rencontrons la même alliance de caractères, de degrés également divers. Ainsi, pour citer un exemple plus remarquable peut-être que tous les autres, la sèche, que son organisation viscérale, son cerveau, son cartilage céphalique placent à un degré très-élevé dans la série et rapprochent des animaux vertébrés, cette même sèche nous présente en même temps, dans ses organes du mouvement ou tentacules, une disposition radiée qui rappelle singulièrement l'organisation des radiaires.

De tout ce qui précède nous sommes de plus en droit de conclure que la nature procède par l'analyse, ainsi que nous l'avons avancé en proposant de calquer notre mode d'investigation sur celui qu'elle emploie dans l'édification des êtres; qu'elle développe successivement et un à un les organes, les différents systèmes d'organes, et leurs propriétés diverses; qu'elle les assemble en nombres divers et à des degrés divers de développement dans les êtres suivant le point qu'ils occupent dans la série, et que ce sont là autant de synthèses partielles qui, effectuées à différentes distances, constituent les types, qui forment le noyau de ce que nous appelons les groupes naturels, et qui viennent définitivement sur notre globe se résumer dans l'homme, mais que chaque nouvelle création de la nature est tout à la fois une analyse et une synthèse : une synthèse, comme constituant un organisme complet; une analyse, comme production d'un élément d'un organisme supérieur.

De ces faits, nous concluons encore que les êtres ne sauraient être rangés en série linéaire; mais, de ce que chaque groupe d'êtres présente une organisation supérieure à l'organisation des groupes qui l'ont précédé, nous en concluons que ces groupes sont échelonnés les uns au-dessus des autres, et que la résultante de toutes les directions diverses des différents groupes est une ligne ascendante.

Nous notons encore cet autre fait non moins important : c'est que de même que le développement du règne animal n'a pas lieu en série linéaire, mais que chaque être se développe en tous sens, et que la résultante de ces directions diverses est une droite ascendante ; de même le développement des individus n'a pas lieu non plus sur une seule ligne, mais qu'à un système très-élevé en organisation peut être et est toujours joint, dans un même animal, un autre système qui appartient à un degré d'organisation beaucoup moins élevé et même très-inférieur dans la série, en sorte que le même être peut avoir des rapports très-manifestes avec des groupes très-divers de la série animale, et qu'ainsi ce n'est pas nécessairement par un seul être ou un seul groupe naturel d'êtres que doit être formé le passage d'un groupe à un autre, mais que ce passage peut être et est ordinairement établi par plusieurs êtres appartenant souvent à des groupes très-divers et, par conséquent, dans nos systèmes artificiels, souvent très-éloignés les uns des autres. Ce principe a une très-grande importance en classification, et, si nous ne nous trompons pas, tient la solution du problème solennellement agité au sein de l'Académie des sciences en mars 1830 : celui du passage des animaux invertébrés aux animaux vertébrés.

Que bien que tous les êtres soient complets en ce sens que chacun d'eux possède tout ce qui est nécessaire au maintien de son existence, toutefois ils sont de plus en plus parfaits en ce sens que leurs organes et que les propriétés qui sont en rapport avec ceux-ci acquièrent un degré de développement de plus en plus grand; que, par conséquent, leur individualité est de plus en plus complète, et que, par suite, ils sont de moins en moins soumis à l'influence de leurs milieux ambiants.

Qu'à certains degrés de la série, on rencontre des groupes d'êtres qui se correspondent, et qui recommencent alors, comme sur une gamme supérieure, la même série de développements.

Que, de même que les différents groupes d'êtres sont hiérarchisés entre eux, les différents systèmes d'un être le sont également.

Que la prédominance appartient à tel ou tel système, suivant l'échelon auquel se rapporte l'être que l'on étudie, et qu'ainsi la faculté dirigeante n'est pas dévolue spécialement à un système d'organes, mais varie suivant les degrés de la série; et que, par conséquent, ces systèmes régulateurs se correspondent entre eux comme les différents groupes de la série, et recommençent au sein de l'être des gammes de développement semblables à celles que présentent ces divers groupes.

De ce que chaque être recommence dans son développement les principales phases de la création antérieure à sa naissance, nous concluons également que tous les êtres sont solidaires les uns des autres, et que, par conséquent, ils forment un organisme d'un ordre spécial; que la classification ne saurait, pour être naturelle, se fonder sur l'observation exclusive d'un seul système d'organes, mais qu'elle doit suivre le cours du développement des êtres, et qu'ainsi elle doit prendre en considération la marche ascendante de la série, l'alternance de la prédominance des différents systèmes d'organes, la hiérarchie dans l'ensemble de ces différents systèmes dirigeants, la distribution géographique des êtres, leur distribution géologique ou chronologique, l'influence des milieux ambiants[1], la loi de progression ascendante et descendante imprimée à chaque groupe naturel.

Il existe, en effet, dans chaque groupe naturel (nous le prouverons) une série ascendante et une série descendante. De ce qu'un être est, sous certains rapports, inférieur en organisation à d'autres êtres de même groupe, s'ensuit-il que, dans l'ordre des temps, il ait nécessairement précédé ces derniers? nous ne le pensons pas.

Ainsi, parmi les carnassiers, les loutres et les phoques qui ne sont certainement pas inférieurs (ces derniers du moins) en intelligence aux chiens, nous présentent cependant une existence aquatique, ce qui est un caractère d'infériorité. Sont-ils venus avant les chiens? c'est un point que je ne veux pas décider ici; mais,

[1] Faisons une remarque qui simplifie la question. La distribution géographique reproduit en partie (il est aisé de de s'en convaincre) les variations des milieux ambiants, et, par conséquent, il y a une relation entre ces deux choses et la distribution géologique ou chronologique des êtres.

si c'est de leur existence aquatique que l'on veut déduire leur antériorité (ce qui est synonyme, dans ce cas, d'infériorité), on se trompe; car d'où sortiront-ils? De ce qu'ils vivent dans le même milieu que les poissons, personne en effet ne songe à en conclure qu'ils sortent des poissons : c'est là une question d'anatomie sur laquelle il n'y a pas à insister. Donc, leur existence aquatique ne prouve en rien leur antériorité.

Mais ce sont bien réellement des carnassiers; avant toute chose, ils appartiennent à ce type, toutefois ils ne nous offrent ce type qu'avec une progression descendante. Ne pourrait-il pas se faire qu'ils aient été produits après les vrais carnassiers?

Dira-t-on qu'ainsi posé le problème se complique; nous répondrons qu'il nous serait tout au plus possible d'en compliquer l'énoncé : quant au problème en soi, il n'appartient à aucun de nous d'y rien changer. Historien des événements naturels, traçons-en le récit sans les altérer;

et si parfois de graves difficultés se présentent devant nous, au lieu de nous efforcer de restreindre les faits aux proportions de notre esprit, tâchons d'élever notre esprit jusqu'à leurs proportions. D'ailleurs s'il y a énormément à faire encore, c'est la partie la plus noble du travail qui nous reste; les matériaux sont réunis, il s'agit de construire: à nous donc le noble emploi d'architecte. Combien depuis l'antiquité, ou plutôt depuis la renaissance des sciences naturelles, combien de progrès opérés dans cette noble voie! quelle immense et magnifique mosaïque ont fini par former tous ces faits ramassés un à un! quel magnifique monument en sortira! Et quand si grande déjà est la gloire de ceux qui en ont réuni les matériaux, combien digne d'envie sera celle qu'acquerront les génies prédestinés qui en jetteront définitivement les fondements! Quel chemin parcouru depuis Linné! Les jours valent des siècles maintenant! et la belle classification de Cuvier! et la classification de de Blainville, incontestablement supérieure à celle de ce maître! et les magnifiques essais tentés en Allemagne dans cette direction! Cette grande distribution harmonique des êtres, tracée par le génie d'Oken dans son admirable *Manuel de philosophie naturelle;* cette autre distribution anatomique qu'un homme que l'Allemagne pourra se glorifier au même titre d'avoir produit, le grand anatomiste Carus, a indiquée en tête de son *Traité d'anatomie comparée,* livre trop peu connu encore en France, mais que, dans un avenir prochain, tout le monde méditera ; une foule d'autres essais enfin moins brillants sans doute que ceux de ces maîtres de la science, mais qui témoignent assez de l'activité des esprits ; tant de travaux n'affirment-ils pas suffisamment que le moment n'est pas loin où la distribution des animaux devra être posée enfin sur des bases que le temps respectera?

L'une des plus magnifiques et des plus

fécondes inspirations dont puisse se glorifier la zoologie, est due à Charles Bonnet. Disciple de Leibnitz, et par Leibnitz illuminé d'un rayon du divin génie de Descartes, Bonnet conçoit cette immense échelle des êtres qui s'élève jusqu'à Dieu, et dont la série zoologique vient combler un échelon : conception féconde qui jette une clarté soudaine dans le champ des sciences naturelles; conception qui, malgré les modifications que le temps lui apporte, place de prime abord le nom de Bonnet au rang des plus grands noms des sciences. La gloire, en effet, n'est point à ceux qui viennent glaner là où le moissonneur a passé; des erreurs de détail que le temps rectifie ne sauraient entacher les pensées du génie. Tel fut le sort de l'inspiration sublime de Bonnet. Bientôt on remarqua que du *ciron* jusqu'à l'homme les êtres ne pouvaient être, comme il l'avait prétendu, rangés sur une série continue; et qu'il existait des familles exactement parallèles les unes aux autres (ISIDORE GEOFFROY). J'ajouterai qu'il y a aussi des séries transversales, comme je l'ai précédemment indiqué; j'ajouterai aussi, en m'appuyant de l'autorité de Buffon, et comme conséquence de ce mot remarquable déjà cité : *que la nature ne fait pas un pas qui ne soit en tout sens;* que les séries parallèles et les séries transversales ne suffisent pas encore à représenter la multitude de directions diverses dans lesquelles s'épanche chaque groupe; j'ajouterai encore que chaque groupe naturel pouvant être considéré, dans la solidarité des êtres qui en font partie, comme un organisme d'un ordre spécial, est, comme tout autre organisme, soumis à une phase descendante, après avoir fourni une phase ascendante; faits pour lesquels il me suffit de prendre date ici, et auxquels, plus tard, je donnerai les développements qu'ils méritent. Mais toutes ces modifications de détail et beaucoup d'autres encore, apportées au principe de Bonnet, n'en sauraient changer la valeur; car, comme je l'ai dit précédemment, la résultante de toutes ces directions diverses est une ligne droite ascendante.

Eh bien, de même que, dans chacun de ces progrès successifs, une nouvelle face de la question a été envisagée, de même, dans les brillantes classifications dont nous venons de parler, une ordonnée du problème de la distribution des êtres a été calculée. Déjà, il y a quelque temps, un essai impuissant, il est vrai, de classification géographique a été tenté; avec Cuvier, la classification a essayé de disposer plus convenablement qu'il n'avait été fait la marche ascendante des êtres; mais Cuvier a méconnu le principe de la continuité, et cette grave erreur a réduit son travail, si remarquable d'ailleurs, à n'être plus qu'un élément d'un travail à venir; avec de Blainville, la classification a donné une distribution plus naturelle des êtres, et s'est efforcée de montrer les multiples rapports qui lient l'un à l'autre les divers groupes de la série; avec Carus, elle a démontré l'emboîtement ascendant et la correspondance embryogénique des êtres; avec Oken, elle a rendu évidents les rapports de ces êtres avec le grand organisme que constitue l'univers.

Tous ces essais, je le répète, ne sont, malgré leur imposant aspect, qu'autant de faces du problème, autant d'analyses partielles; chacun d'eux est important au même titre; chacun entre également comme ordonnée dans la question : ils n'ont pu être développés que séparément; ils ne seront constitués définitivement que par leur fusion.

Certes il serait du plus haut intérêt qu'un homme versé dans la connaissance de la nature dressât, pour chacun des groupes naturels, pour l'ensemble de ces groupes, pour chaque système d'organes et pour l'ensemble de ces systèmes, des tables de développement, montrant la progression constante de chacun de ces groupes et de ces systèmes, leur correspondance à certains points de la série, la nature et le degré de ces rapports, etc....

Supposons en effet la hiérarchie dont nous avons parlé, établie entre les divers groupes et les systèmes d'organes, il serait déjà possible d'écrire *à priori* une embryogénie que l'observation ne ferait ensuite que confirmer. De cette façon on aurait l'avantage d'un guide sûr dans les recherches *a posteriori*, et l'on se trouverait garanti dès lors de ces erreurs si faciles dans un sujet aussi délicat, et qui, en effet, n'ont pas peu contribué à ralentir la marche de cette science. Ainsi, pour citer un exemple, puisque chaque être reproduit dans son développement les caractères essentiels des principaux groupes qui ont précédé sa venue, supposée établie, comme nous venons de le dire, cette correspondance, quand nous en serions venus à constater en anatomie qu'il est des êtres dont la substance est complétement homogène, chez lesquels ne se distingue aucun organe spécial, dont la nutrition et l'accroissement ont lieu par une simple imbibition du tissu, nous serions déjà portés à conclure que tous les êtres supérieurs en organisation à ceux-ci doivent, à une certaine phase de leur vie embryonnaire, reproduire ces mêmes conditions d'existence : or, c'est ce que l'observation *a posteriori* serait venue confirmer. Si, de même, nous avons constaté qu'il est des animaux dépourvus de véritables vaisseaux, chez lesquels le sang circule dans de simples rigoles, nous serions portés à croire que tous les êtres qui ont passé l'échelon de développement auquel ces animaux appartiennent, que les êtres qui se trouvent à telle ou telle place dans la série, reproduisent, dans la formation de leur système vasculaire, les mêmes caractères ; si nous avons constaté bien évidemment qu'il est des animaux chez lesquels le cœur n'est autre chose qu'une modification de l'artère principale ou de l'aorte ; qu'il en est chez lesquels l'organe respiratoire n'est, très-certainement, qu'une modification particulière des téguments généraux ; qu'il en chez lesquels (et même sans parler de ces merveilleux polypes qui, suivant les belles expériences de Trembley, peuvent être retournés comme un gant), chez lesquels, dis-je, il est inutile de recourir au scalpel pour démontrer la continuité de la peau et des parois intestinales ; qu'à un certain point de la série les masses nerveuses longitudinales sont séparées ; qu'à un échelon un peu plus élevé elles tendent à se réunir en un seul cordon ; que chez certains animaux on voit manifestement les masses cérébrales, séparées auparavant, tendre à se réunir en une seule masse ; que, de même que pour les masses nerveuses, des os disposés symétriquement de chaque côté de la ligne médiane tendent à se réunir à mesure qu'on s'élève dans la série, etc., etc.; nous serions encore portés à conclure de ces faits, comme pour beaucoup d'autres, qu'il serait trop long, mais tout aussi facile d'énumérer, que le cœur n'est qu'une dépendance de l'aorte; l'intestin, le poumon, et les sens aussi, une modification de la peau; que les masses nerveuses, les os médiants se forment par la réunion de parties développées latéralement; que le cerveau résulte de l'agglomération de parties séparées à une certaine époque de la vie utérine, etc., etc.; il nous serait facile enfin, je le répète, de construire *a priori* une embryogénie qui serait ensuite pleinement justifiée par l'observation.

L'unité zoologique ainsi démontrée, nous avons *a priori* les plus puissantes raisons pour croire à l'unité anatomique des animaux : ayant constaté qu'ils forment tous un grand ensemble, qu'ils tendent au même but, qu'ils se répètent les uns les autres, il est plus que probable, par cela seul, que les matériaux de leur organisation doivent être également conformés sur le même plan. Or, c'est ce que l'observation démontre évidemment. L'unité de composition des êtres ne peut être, en effet, légitimement niée que par ceux qui nieraient également l'unité de la série animale. Il est clair que ce sont là deux faits solidaires et qui s'affirment l'un l'autre; et, c'est logiquement qu'admettant un *hiatus* entre les deux embranchements du règne animal, Cuvier a pu nier qu'un même plan d'organisation eût présidé à leur arrangement. Mais mieux éclairé sur les véritables termes de la question, il n'est personne maintenant, parmi ceux dont les études ont embrassé l'ensemble de cette série animale, qui nie l'unité de la série : c'est, d'une part, un fait qu'affirme la distribution maintenant plus naturelle des êtres; en second lieu, leur correspondance embryogénique, et enfin l'observation directe ou l'anatomie elle-même. On sait que c'est à Geoffroy

Saint-Hilaire qu'appartient la gloire d'avoir, le premier en France, proclamé cette grande et belle loi d'unité de composition; on sait quels magnifiques travaux ont été, depuis, entrepris dans notre pays, même dans cette direction, et combien de pas glorieux ont déjà été faits dans cette voie, qui n'est ouverte cependant que d'hier, pour ainsi dire. Devant développer longuement, dans le cours de cet ouvrage, ce point fondamental de philosophie anatomique, nous ne saurions nous y arrêter davantage ici. Qu'il nous suffise de citer, au nombre des travaux les plus remarquables dont la France a enrichi l'anatomie philosophique, les travaux de notre grand anatomiste Serres sur le système nerveux et les lois de l'ostéogénésie, couronnés tous deux par l'Institut de France; les découvertes si remarquables de Victor Audouin, sur l'anatomie des insectes; la magnifique anatomie de la peau, du professeur de Blainville, et de nommer encore, comme une non moins éclatante confirmation des mêmes principes, l'ouvrage du fils de l'auteur de la *Philosophie anatomique*, le *Traité de tératologie*.

Remarquons cependant, avant de quitter ce sujet, et pour résoudre de suite une objection assez grande en apparence, formée contre le principe de l'unité de composition organique, que ce principe régit non point les organes, mais les éléments organiques, et que, par conséquent, la disparition même entière des organes ne saurait plus lui porter atteinte, qu'elle ne soustrait les êtres chez lesquels elle se manifeste à l'unité de la classification.

L'unité anatomique des êtres entraîne nécessairement *a priori* l'unité de manifestations ou de fonctions. Ayant donc établi la distribution naturelle des êtres, étudié leur organisation, suivi le cours de leur développement, et, à l'aide de ces trois voies, établi d'une manière inébranlable, leur unité, c'est la confirmation de cette unité que nous devons chercher dans l'étude de leurs fonctions. Or, c'est aussi ce que l'observation ultérieure confirme de la façon la plus complète : non-seulement l'observation démontre cette unité en ce qui est des fonctions de la vie automatique, mais aussi quant à ce qui concerne les fonctions de la vie de relation ou les phénomènes psychologiques.

Mais cette connaissance des animaux en eux-mêmes, quelque complète qu'elle soit en apparence, ne saurait nous suffire; nous avons à rechercher leurs relations avec les êtres qui les entourent, et à déterminer leur origine.

Or, sans parler des relations harmoniques des êtres entre eux, nous avons à constater entre la série végétale et animale des relations intimes. Après donc avoir transporté les considérations qui nous ont guidé dans la distribution des animaux dans le règne végétal, et déterminé la correspondance et le degré de relation des uns et des autres, si nous arrivons aux confins de ces règnes, nous rencontrons des êtres de nature douteuse qu'il devient tout à fait impossible de faire entrer dans l'un ou l'autre de ces cadres, et qui semblent représenter l'indifférence entre les deux règnes.

Si nous transportons également ces considérations dans l'ensemble des trois règnes, nous voyons, en vertu du même développement analytique et synthétique tout à la fois, la nature placer dans le développement minéral les premiers germes encore imparfaits de l'individualisme; dans le règne végétal, une organisation un peu plus avancée, en ce sens qu'elle s'effectue en dedans, et dès lors un antagonisme de plus en plus complet se manifeste entre son développement et l'action du monde ambiant; enfin que dès les confins inférieurs du règne animal se manifesteront les phénomènes d'où découlera la connaissance.

Établissant des liens intimes entre ces

divers règnes, nous serons portés à rechercher de proche en proche les lois de leur organisation et la source de leurs propriétés dans les lois élémentaires de la physique; nous les verrons, simples, manifestes dans les minéraux, subir un nouveau degré de développement dans les premiers rudiments de la série végétale, et, à mesure que celle-ci se développera et que se formulera l'organisation animale, persévérer dans ce développement; former, dans l'intérieur des êtres, une organisation de plus en plus complète, un individualisme de plus en plus parfait, et réaliser ainsi une sorte de microcosme en lutte avec son milieu ambiant; et à mesure que ce développement s'effectuera et que le microcosme se réalisera, cette lutte devenant de plus en plus active, il résultera de cet antagonisme, l'apparence d'une différence complète entre les lois de ce microcosme et celles du mégacosme dont il émane et qu'il reflète : apparence dont est née la théorie du vitalisme, mais dont la voie même que nous aurons suivie dans ces recherches nous préservera.

En effet, étudiant les premiers rudiments des êtres, nous n'aurons, à notre point de départ, nul doute sur la nature des propriétés qui seront en jeu : ce seront là bien évidemment des phénomènes physiques, et, si nous en suivons rigoureusement la filiation, chaque fait, aisément expliqué par ceux qui le précèdent, deviendra la clef de ceux qui le suivent.

De cette façon, nous serons amenés par nos études mêmes de simple physiologie en apparence, à jeter le plus grand jour sur les phénomènes physiques eux-mêmes; car, dans un organisme bien étudié, nous aurons sous les yeux, dans des dimensions que nos sens et notre intelligence nous permettront d'embrasser, des phénomènes inintelligibles quand nous les considérons dans la vaste étendue des cieux. D'autre part cependant c'est dans les espaces intra-stellaires mêmes que nous irons rechercher, par des études approfondies et de minutieuses expériences sur la nature et l'origine du fluide lumineux, la source de toutes les formations qui ont lieu à la surface des planètes et de notre globe en particulier : phénomène cosmogonique d'expansion, que nous verrons se répéter dans d'autres voies, dans l'ordre psychologique par exemple; car, je le répète, comme la matière, les âmes sont voyageuses : dès lors nous serons autorisés, nécessités même à faire emploi de l'élément mathématique, aisément applicable aux confins inférieurs de l'organisme, d'un emploi plus difficile sans doute, mais d'un emploi nécessaire, dans les dispositions les plus complexes de l'organisme; emploi qui nous sera d'ailleurs facilité par la direction embryogénique, si je puis dire, imprimée à nos études, et sur lequel on ne saurait plus avoir de doutes, si l'on considère qu'en organisation, les formes, quelque variées qu'elles soient, peuvent être ramenées à des formes primitives, les nombres à des nombres constants, et que l'étendue est susceptible d'un moyen type. Et d'ailleurs il est remarquable que, tandis que nous disputons ici sur la possibilité de l'emploi des mathématiques en anatomie; que dis-je? tandis que nous en nions la possibilité, le grand anatomiste Carus, longtemps avant que nous ayons pris le temps de résoudre la question, publie en Allemagne un magnifique traité d'anatomie transcendante, où la question n'est autrement résolue que par d'admirables découvertes et un nouvel élan imprimé à la science par l'emploi de l'élément mathématique.

Au reste, il est beaucoup d'autres erreurs de ce genre que, chemin faisant, nous aurons occasion de redresser : telle est, par exemple, cette opinion qui, à la vérité, ne peut plus guère être actuellement soutenue, de l'existence de deux créations zoologiques l'une antédiluvienne, l'autre postdiluvienne; mais, en nous élevant contre cette opinion contraire à la philosophie, et contre laquelle d'ailleurs protestent tous les faits, nous aurons à rechercher la cause des profondes modifications subies par les êtres dans le cours des développements de la série animale, et, rejetant les vaines et ridicules explications que l'ancienne géologie a voulu tirer de cataclysmes, d'irruptions et de catastrophes incessantes, nous les trouverons dans les successives modifications imprimées aux milieux ambiants, et, de même que nous aurons allié l'une à l'autre la physique et la physiologie, les deux prétendues créations zoologiques, les deux embranchements, prétendus distincts, du règne animal; de même que nous aurons réuni l'un à l'autre les trois règnes de la nature, et de la même façon que dans ces derniers temps, les cas d'anatomie anormale ont été ramenés à l'anatomie ordinaire, nous montrerons que ce n'est que de la fusion de la pathologie avec les sciences physiologiques en général, que pourra sortir une philosophie médicale, dont les meilleurs esprits ont pu nier la possibilité dans l'état de morcellement où se trouve actuellement cette science.

Et quand nous aurons fait toutes ces choses; établi l'unité des sciences physiques et physiologiques; suivi le développement des êtres, étudié simultanément dans la géologie l'anatomie et l'embryogénie; assigné la loi de ce développement; déterminé celle de l'épanchement géographique des espèces, et le rapport entre leur développement et cette distribution; montré la hiérarchie de tous les êtres à partir de l'atome et la loi de cette hiérarchie; déterminé la correspondance des faits à certains échelons de la série, alors, de même qu'à l'aide de la physique nous avons abordé l'étude des êtres organisés, nous aborderons, à l'aide des connaissances puisées dans la physique et la physiologie, la connaissance complète de l'homme: car l'homme, la physiologie et la physique sont dans les mêmes rapports que les trois règnes de la nature.

Telle est, en effet, la loi du développement de l'humanité : au sortir des mains de Dieu, l'homme partage les conditions d'existence des êtres qui l'ont précédé, dont il descend, dont il est le résumé le plus complet, comme chacun des groupes naturels de ces êtres est dans l'évolution ascendante de ceux-ci, le résumé de ceux qui l'ont précédé : révélation éclatante d'une pensée intelligente, d'une vue providentielle, qui a pour condition essentielle de ses manifestations, la loi par elle et à elle imposée, loi posée à l'avance, loi éternellement promulguée, des incessantes modifications des milieux ambiants, condition essentielle et concomitante du progrès; l'homme, dis-je, dont la tête, arche divine, est la synthèse de toutes les créations antérieures, et qui se trouve ainsi la représentation et comme le symbole de la pensée que le Créateur a manifestée à la surface du globe qu'il habite; l'homme, je le répète, partage, bien qu'en les résumant, toutes les conditions essentielles des êtres qui ont précédé et préparé sa venue; n'offrant en soi rien de nouveau rien qui n'ait, en tant qu'essence, son germe, sa trace plus ou moins profondément marquée dans le passé, mais suivant les conditions de cette éternelle et suprême loi du progrès, qui se manifeste, non par l'apparition d'éléments nouveaux, mais par le développement incessant, l'exaltation, si je puis dire, des éléments existant de toute éternité, offrant, comme l'ont offert, à des degrés divers, les divers groupes d'êtres qui l'ont précédé, mais à un plus haut degré qu'eux tous, le résumé de tout ce qui a été avant lui; soumis enfin, comme eux, à cette grande loi d'unité de composition, qui, loin d'être restreinte au règne des corps organisés, englobe dans ses vastes replis toutes les manifestations de l'univers éternel, incréé comme Dieu.

Rien, en effet, sous le rapport de son organisation, rien quant aux conditions physiques de son existence, rien dans l'ensemble de ses différentes parties, rien dans le détail le plus minime de chacune d'elles, rien qui ne soit une manifestation spéciale, progressive dans ses arrangements, mais identique dans son essence, des conditions physiques de tous les êtres de la série animale; dans la succession progressive de ses développements de l'état de germe à celui d'être adulte, l'homme a passé par les conditions générales d'existence des différents groupes naturels des êtres, sans toutefois reproduire identiquement aucun d'eux.

Et cela devait être ainsi : l'inflexible logique de la nature n'admet point de lacune; et qu'est-ce autre chose que cette succession progressive des êtres, de l'atome jusqu'à l'homme, sinon un admirable syllogisme dont l'homme est la conséquence momentanée, conséquence destinée elle-même à devenir, dans le temps, quelque prémisse nouvelle de quelque autre réalisation plus éclatante de la pensée divine?

Si l'homme est, sous le rapport de son organisation, le résumé des êtres antérieurs, soumis comme eux au même plan progressif d'unité de composition, sous le rapport de ses manifestations physiologiques, qui en découlent comme de leurs causes immédiates, les mêmes rapports, les mêmes liaisons doivent se manifester; elles se manifestent en effet.

Et de même qu'une loi identique de composition et de développement préside à l'organisation matérielle de l'homme, à sa vie organique proprement dite et ses manifestations, et l'organisation matérielle des animaux, et leurs actes physiologiques, les mêmes rapports subsistent quant à sa vie de relation et ses manifestations, et la vie de relation et ses manifestations chez les animaux; or, c'est la vie de l'intelligence et du cœur.

Car, de même que les organes de la vie automatique de l'homme sont ceux de la vie automatique des animaux, ceux de sa vie de relation sont également conçus sur un plan analogue;

Et les mêmes rapports qui existent entre les manifestations de la vie organique et les parties qui y président, les mêmes rapports existent entre les facultés de la vie de relation et les parties qui sont affectées à leurs manifestations.

Et comme les rapports organiques de la vie automatique et de la vie animale sont les mêmes chez les animaux et chez l'homme, semblables aussi sont les manifestations de l'une et de l'autre vie, ou de ces deux faces d'une même vie progressive, qui se confondent dans une admirable et éternelle unité.

Mais, je le répète, suivant la loi suprême du progrès, cela n'a lieu qu'avec un plus haut degré de développement, qu'atteste d'ailleurs, chez l'homme, une plus grande concentration, indice d'une organisation supérieure, source de manifestation plus élevée.

Çar, soumis à la loi d'unité de composition (ce qui implique aussi l'unité de manifestation), l'homme l'est également à la loi du progrès, et cette dernière est régulatrice de celle-là.

Ainsi, au temps qui précède la venue de l'homme, déjà un âge tout entier, un premier âge de la création, s'est manifesté; déjà la pensée divine a éclaté tout entière, mais les éléments en sont en quelque sorte épars, jetés çà et là dans monde; Vienne maintenant un être qui résume complétement toute cette création antérieure de la même façon que d'autres l'ont déjà résumée partiellement, il sera la synthèse réelle qui suivra cette grande analyse précédemment faite de tous les matériaux de l'univers; il les résumera avec des degrés divers de prépondérance, déterminés par la loi de subordination des caractères individuels; il prendra çà et là les éléments de son être; après cette espèce d'inventaire préalable, il choisira parmi toutes ces choses celles qui sont plus particulièrement à son usage, et en composera son domaine : ce seront les éléments de son existence.

Rien, par conséquent, n'existera en lui qui n'ait existé auparavant; seulement ces éléments épars se montreront concentrés, centralisés en lui, tandis qu'avant lui ils étaient diversement rétribués dans une foule d'autres êtres; de même que, dans la vie intellectuelle de l'humanité, l'homme grand, l'homme fort par la pensée, l'homme doué de facultés divinatrices, l'homme de génie enfin, n'est lui-même qu'une synthèse du genre humain tout entier, qu'une concentration de tous les modes puissentiels que possède séparément chaque homme; que la somme, la résultante de ce que chacun des hommes plus ou moins remarquables de son époque ou des époques antérieures a possédé en soi.

Et déjà, avant la venue de l'homme sur la terre, il s'est rencontré des êtres dont les conditions d'existence ont consisté dans le résumé de ceux qui les avaient précédés; mais ce n'était qu'une synthèse partielle d'un groupe plus ou moins vaste : l'homme est une synthèse complète de tous les temps accomplis à la surface du globe qu'il habite [1].

Et de même que l'homme de génie, s'élevant à d'incommensurables hauteurs au-dessus des hommes ses semblables, paraît avoir été doué de facultés propres, refu-

[1] Il faut tenir compte pour l'intelligence du caractère absolu de cette proposition, de ce que nous avons avancé page 136, prop. 63.

sées aux autres; bien qu'il n'ait en réalité que ces mêmes facultés exaltées, en quelque sorte, par leur mutuel concours, l'homme semble, par la supériorité de ses manifestations à l'égard des êtres qui l'ont précédé, doué de facultés nouvelles. Cette plus grande puissance ne résulte cependant que de la concentration et de l'action simultanée de choses primitivement séparées et condamnées dès lors à agir isolément.

Ainsi donc, de la venue de l'homme sur la terre date un nouvel âge pour la création; et sous une forme et dans des conditions nouvelles, toute la vie antérieure du globe va se manifester de nouveau : l'homme va recommencer le monde.

Et de même qu'il a fallu toute la création antérieure à l'homme, création indéterminée dans sa durée, pour jeter dans le monde les matériaux de l'existence; de même qu'il a fallu toute cette durée immémoriale pour qu'ils se produisissent isolément; un temps indéterminé encore, quoique moins long dans sa durée (car tant d'efforts isolés venant maintenant à se réunir, à s'ajouter en vue d'un même but, doivent en diminuer l'éloignement), un temps indéterminé, dis-je, sera nécessaire pour que l'homme développe ce qui a été mis en lui; un temps immémorial aussi sera nécessaire pour qu'il fasse, en quelque sorte, l'inventaire de ses richesses.

Et il pourra le faire de deux façons: soit en observant le monde extérieur, soit en s'observant lui-même et s'écoutant vivre, soit enfin, et c'est le terme de la science humaine, en confondant dans son esprit et les manifestations de l'univers ambiant, et ses propres manifestations, que nous avons vues identiques dans leur essence : c'est ainsi qu'il entre dans le sein de Dieu.

L'histoire de l'humanité se trouvera donc être, sur un échelon supérieur, la reproduction exacte de toute la création antérieure. La liberté, résultat d'une conscience et d'une connaissance plus élevées, concomitantes, d'une plus grande centralisation et d'un organisme plus parfait, apparaîtra seulement comme un nouveau mobile toujours soumis aux mêmes lois, et comme un reflet plus éclatant de l'intelligence divine; mais, de même que la liberté n'apparaît qu'à une certaine époque dans l'ensemble de la série des êtres, ce n'est qu'à une certaine époque du développement des individus et de celui de l'humanité, que cette même liberté, contemporaine d'un certain degré de développement de la conscience individuelle et de la conscience collective, apparaît dans l'histoire. La succession d'action de la providence, de la fatalité, de la liberté; Dieu, la Nature et l'Homme, qui se sont manifestés dans le monde, se reproduisent également dans l'histoire de l'humanité. Cette histoire peut donc se partager en trois grandes époques dont chacune correspond à ces diverses manifestations; et à son tour chacune de ces époques, en vertu de la hiérarchie des organismes sociaux, de leur développement embryogénique, et de leur correspondance harmonique, chacune de ces époques est à son tour divisible en un même nombre de phases analogues.

La liberté développée dans l'homme ouvre devant lui deux voies diverses entre lesquelles il lui est loisible de faire un choix; ces deux voies, ne sont autre qu'une dualité d'essor inscrite dans notre nature; mais bien loin de n'apparaître dans le monde qu'avec l'homme, ce dualisme, cette polarité se trouve, ainsi que nous le montrerons, à l'origine des choses et au dernier échelon de la série des êtres. Toutes les religions, je le répète, ont constaté par un mythe ce fait fondamental, et le livre de Moïse en a fait découler la chute de l'espèce humaine. L'arbre de la science du bien et du mal, dont parle la Genèse, n'est autre que cette dualité d'essor symbolisée; le bien, c'est le ciel, et le mal, la terre. L'humanité est tombée, tentée par les jouissances terrestres personnifiées dans la femme : de là toutes les époques de douleurs; voué à une existence toute terrestre, l'homme n'a plus eu longtemps, pour se racheter, que l'emploi des moyens lents et imparfaits de la terre : l'expérience et l'analyse. Aux esprits d'élite seuls ont été ouvertes les voies de la métaphysique, voies arides à leur entrée, mais où l'âme revêt bientôt des ailes pour s'élancer vers Dieu.

Comme l'enfant, l'humanité, à son début, renferme une synthèse complète, mais latente. Le mystère de la chute n'est autre chose que la dispersion des éléments synthétiques : il se reproduit en chacun de nous.

Avec cette diffraction des éléments synthétiques coïncide la dispersion des hommes à la surface de la terre; cette dispersion est soumise à des lois analogues à celles de l'épanchement géographique des espèces; et, de même que dans l'espace, la marche de l'humanité dans le temps est semblable à celle des êtres qui ont précédé sa venue, les lois du progrès humanitaire ne sont pas autres dans leur essence que celles du progrès de ceux-ci.

Mais avec un degré d'élévation plus étendu coïncident de plus hautes destinées, et à ces destinées plus hautes correspondent des modes spéciaux d'investigation. L'homme qui a conscience de la divinité de son origine a conscience aussi de la divinité du but vers lequel il tend. Sentant en soi l'intelligence, il comprend que le savoir est un des éléments de sa mission; né pour vivre en société, il sent que l'amour est une institution divine. Science et amour deviennent ses deux éléments de rachat : sa science repose sur l'inspiration et l'observation; l'une et l'autre viennent de Dieu, car tout vient de Dieu. La première en descend directement; c'est la forme des religions. Perdus au milieu des occupations terrestres, les hommes pourraient oublier la divinité de leur but; les religions sont là pour le leur rappeler incessamment : perfectibles comme la connaissance humaine sur laquelle elles se basent, elles ouvrent à chaque progrès nouveau un horizon de plus en plus large devant l'humanité, et déchirent les voiles derrière lesquels se cachent les espaces célestes auxquels elle aspire, et au sein desquels doivent en effet se réaliser ses destinées glorieuses.

L'origine de l'humanité est donc une, comme celle des êtres qui l'ont précédée; l'unité plane, comme sur ceux-ci, sur les différents groupes qui la composent; ces groupes sont hiérarchisés entre eux de la même façon; ses lois aussi sont éternelles, immuables, et rien ne se fait en elles qui ne soit soumis à ces lois. Comme dans la zoologie, se trouvent il est vrai dans l'histoire des faits qui paraissent se soustraire aux lois générales; mais ces faits s'y rattachent au même titre que les faits anormaux se rallient à l'anatomie, et à la physiologie les faits pathologiques; et de même que de la considération collective de ces faits sortira une doctrine hygiénique, d'une semblable contemplation de tous ces faits historiques devra jaillir aussi un mode d'organisation qui, calquée sur celle même du monde, calmera les douleurs et préservera le grand corps social de nouvelles atteintes perturbatrices.

Nous pourrions donner à ces considérations plus de développements; nous pourrions combler bien des lacunes, et adopter un mode d'exposition plus rigoureux et moins confus. A quoi bon? Nous n'avons voulu qu'indiquer ici d'une façon générale la manière logique dont il faudra procéder pour l'établissement définitif de la science. Nous renvoyons à l'ouvrage déjà cité pour les développements que le sujet comporte.

Disons de nouveau que tout ce qui a

été fait n'est et ne saurait être qu'un travail préliminaire; que de la connaissance maintenant acquise de chaque spécialité il importe de s'élever à la connaissance collective de celles-ci, et que l'ordre à suivre est leur ordre de génération ou l'ordre embryogénique, le simple au composé ou le général au particulier.

Les modifications qui peuvent être apportées dans la pratique à la voie que nous venons d'indiquer sont évidentes en elles-mêmes et ont à peine besoin d'être mentionnées; il est clair que la route que nous avons tracée, nous l'avons tracée telle en vue du physiologiste. Nous avons indiqué comme point de départ la connaissance approfondie de la distribution des animaux, de leur organisation et de leurs fonctions, parce que c'est comme livré spécialement à l'étude des animaux, que nous avons parlé. Botaniste, nous eussions posé nécessairement pour base de nos recherches la distribution, l'organisation et les fonctions des végétaux. Le point de départ dans ce travail préliminaire est nécessairement la connaissance de la spécialité dont on s'occupe; mais, où la voie à suivre ne saurait plus être arbitraire, c'est quand, la connaissance d'une spécialité prise pour point de départ étant acquise, on en vient à déterminer les rapports de cette spécialité : la voie est alors nécessairement celle que nous avons indiquée précédemment : la voie embryogénique. Connaissant les conditions actuelles des animaux, si je veux rechercher leurs conditions originelles et les lois de leur développement, je descends d'échelon en échelon jusqu'aux phénomènes les plus simples; je cherche si, entre les animaux et les végétaux, entre ces deux règnes et les minéraux il y a des rapports. Quand j'ai déterminé ces rapports, quand je suis arrivé à établir qu'ils forment un grand ensemble, une chaîne embryogénique, alors je cherche les lois de leur formation.

Tout ce que j'ai fait précédemment n'est donc qu'un travail préliminaire; j'ai classé les êtres qu'il s'agit d'étudier, dans l'ordre le plus favorable pour arriver à leur connaissance : c'est là, si l'on veut, comme une armée rangée en bataille et que le chef va passer en revue. C'est alors que je suis l'ordre indiqué par Descartes : le simple au composé; c'est alors que je suis l'ordre embryogénique que la nature elle-même a tracé. Passant donc à ce travail définitif, je détermine les lois de la formation, les conditions d'existence et les propriétés des derniers, dans l'ordre de composition, dans l'ordre de leur création des premiers des êtres que j'ai précédemment rangés en série; je recherche comment, dans ces créations successives, la nature a passé de l'une à l'autre; et quand j'ai déterminé la gradation progressive et la loi de la complication incessante des êtres; alors, parvenu à la connaissance complète de ce globe, je vais donner de nouveau à mes études un degré d'extension semblable à celui que je lui ai imprimé quand partant de la connaissance spéciale des animaux, par exemple, j'ai été rechercher en dehors d'eux les lois de leur formation; j'ai à rechercher maintenant en dehors du globe les lois de sa formation et de celle des êtres qui vivent à sa surface; et, comme tout à l'heure j'ai déterminé la solidarité de ces derniers, me voici amené à déterminer la solidarité des corps planétaires et les conditions de vie répandue dans les espaces intra-stellaires.... Mais ici je m'arrête involontairement devant la magnificence d'une telle tâche : pénétrer dans le passé, c'est faire autant de pas dans l'avenir; et, quand je pose devant moi la question de l'origine cosmogonique des êtres, un autre problème se dresse parallèlement : c'est celui de leurs destinées!

## IX

Ces considérations, et cette dernière remarque en particulier, me portent sur un ordre de réflexions non moins graves.

Il me tardait d'aborder cette face nouvelle du problème, et cependant je ne le fais qu'avec crainte; il me tardait de l'aborder, parce que, dans tout ce qui précède, après avoir longuement développé la voie qui doit être suivie à mon sens, il est cépendant un ordre tout entier de phénomènes sur lesquels j'ai gardé le silence, et que cette réserve a pu inspirer à ceux qui ont lu les pages qui précèdent des pensées justement défavorables. Je ne le fais qu'avec crainte, parce que des montagnes me sembleraient moins lourdes à porter que le poids de telles questions.

Sur quoi, en effet, repose la voie de recherches que nous venons d'indiquer? en entier sur l'observation.

Est-ce donc qu'en effet nous prétendrions fonder toute la connaissance humaine sur ce mode d'investigation? tel est le grave reproche que peut-être déjà on s'est cru en droit de nous adresser.

A cette question cependant notre réponse sera courte et franche : Non.

Qu'on nous permette de citer nous-même quelques fragments de ce qui précède.

En essayant d'expliquer l'inspiration, l'avons-nous pour cela réduite à n'être qu'un fait de sensation? (*Prop.* 52.)

Avons-nous réduit l'être à n'être qu'une substance sensitive, et avons-nous méconnu sa virtualité? (*Prop.* 3, 32, etc.)

Si nous avons reconnu que l'âme s'applique aux phénomènes externes, avons-nous nié la conscience, et n'avons-nous pas donné cette définition, que nous aimons à répéter ici, car le cas nous semble grave : *La conscience est l'âme s'exerçant sur l'interne?* (Prop. 50.)

Or, les propositions qui précèdent attestent que nous n'avons méconnu aucun de ces points fondamentaux.

L'être, pour résumer en quelques mots des faits épars dans plusieurs de ces propositions, l'être est doué de virtualité, c'est-à-dire d'une force vive qui est en lui, qui le rend susceptible d'action sur le monde ambiant; et cette virtualité, cette force vive, c'est L'AME; l'âme, qui, à l'aide des sens ouverts comme autant de fenêtres sur le monde, pénètre dans ce monde, et qui, par cela seul, sait qu'elle est et s'affirme.

Mais, avant que ces sens se soient ouverts pour que la vue de l'âme puisse plonger dans ce vaste panorama, l'âme est, et, pour savoir qu'elle est, elle n'a besoin que d'être. Or, que lui apportent les sens? la connaissance du monde externe; mais qui lui apporte la connaissance d'elle-même? elle-même.

Ainsi donc, il y a toute une catégorie de forces, indépendante des sens, sous ce rapport que ce n'est pas à l'aide des sens qu'elle arrive à la connaissance de l'être. Donc en même temps il y a toute une catégorie soustraite à l'observation, ou du moins à l'observation scientifique; pour savoir qu'elle est, l'âme n'a point à s'observer.

Or, par cela seul qu'elle se sait, qu'elle s'affirme, l'âme sait, affirme une source dont elle émane, et sur laquelle l'observation est muette. Donc, l'observation est impuissante à asseoir définitivement et intégralement sur ce point la connaissance humaine.

Or, ce point est-il tel, en effet, qu'il puisse être négligé?

Qu'est-ce qu'une individualité quelconque?

C'est, avons-nous dit (*Prop.* 29), une reproduction, à un échelon spécial, de l'ensemble des choses.

Et Proposition suivante :

Les propriétés de ces milieux s'y réfléchissent (dans l'individualité) de la même façon que, dans la chambre noire, se réfléchissent les milieux environnants.

Donc, de même que le monde matériel pourvoit à la formation des corps, de même il-y a, et en outre des phénomènes matériels, une virtualité d'où émane la virtualité de l'être.

Et cette virtualité dont l'âme émane est à la nature, au monde des phénomènes, à l'univers, ce que l'âme est au corps.

Or, qu'est à la virtualité d'un être, à son âme le corps qu'elle habite? — Une face phénoménale, un moyen.

Donc, le monde n'est qu'une face phénoménale, un moyen dont Dieu se sert.

Donc, l'observation, la science qui se fonde sur l'observation, ne nous révèlent que des formes, des phénomènes, des moyens, et restent muettes sur l'âme de ces phénomènes, sur l'essence divine.

Bien loin donc de vouloir renouveler le sensualisme des philosophes du dix-huitième siècle, nous rejetons de toutes nos forces la solidarité que l'on prétendrait établir entre leurs principes et les nôtres. Nous savons bien que l'esprit n'est pas une table rase où la sensation dépose les idées; nous savons qu'il y a autre chose dans l'être que ses sens : sa *virtualité ;* et, nous le répétons à la proposition fameuse de Locke : *Nihil est in intellectu quod non prius fuerit in sensu,* nous admettons la restriction non moins fameuse faite par Leibnitz : *Nisi intellectus ipse.*

Mais nous accusera-t-on de contradiction? et, en effet, nous avons écrit précédemment :

« De mêmes lois président aux créations successives et régissent le monde physique et moral. » (*Prop.* 17.)

Et plus loin :

« L'humanité est sortie de la zoologie; cela est attesté physiologiquement par les rapports immédiats de l'homme avec les êtres qui ont précédé sa venue; psychologiquement par l'absence complète de souvenir d'une vie antérieure à notre existence terrestre. » (*Prop.* 64.)

A cette objection, grave en apparence, nous répondrons de la manière suivante :

De quelque façon que nous considérions Dieu dans ses rapports avec le monde, soit que, nous rangeant à l'opinion du grand Spinosa, nous regardions les êtres comme des modalités de la substance divine; soit qu'avec un autre philosophe non moins grand par la pensée, Mallebranche, comme Spinosa disciple de Descartes, nous admettions Dieu comme étant en dehors du monde, dans l'un et l'autre cas, Dieu, créateur du monde, se manifeste par le monde; et soit que le monde sorte de lui, soit que le monde réside en lui, les propriétés et les facultés agissant dans le monde sont Lui, et chaque chose est également Lui : car si, dans le fragment même le plus minime du monde, soit en lui, soit émané de lui, il se trouvait moins qu'en lui, Dieu serait alors inférieur à lui-même. « Dieu donc, dirons-nous avec l'Évangile, Dieu est présent partout; » ou avec Spinosa : « Tout est Dieu ; » non point sans doute en tant qu'infini, mais en tant que manifestation limitée et bornée de Dieu. Donc aussi, les propriétés agissant au sein du minéral et des êtres les plus inférieurs de la série animale, ces propriétés sont des propriétés de Dieu, aussi bien que l'intelligence humaine en est une émanation. Or, s'il y a de ces êtres inférieurs jusqu'à l'homme, progression constante, génération; si sur eux tous l'unité plane; si, d'autre part, les propriétés ou facultés d'un être sont toujours dans une certaine relation avec le développement de cet être, *a priori* nous pouvons admettre (et l'observation le confirme) que l'intelligence humaine procède des propriétés des êtres même les plus inférieurs dans l'échelle.

Certes, ce n'est point là du matérialisme; car, bien loin de regarder ces propriétés comme en quelque sorte des *sécrétions* de la matière à l'aide de laquelle elles se manifestent, nous ne prétendons en aucune façon déterminer ici la nature de ces propriétés; et, s'il fallait nous prononcer sur la question de savoir si la prééminence appartient à ces propriétés ou à la matière, nous serions beaucoup plus porté à regarder la matière même comme une propriété de celles-ci, que nous n'adopterions l'opinion opposée et à peu près universellement régnante; nous subordonnerions enfin la matière à l'esprit. Mais la seule chose sur laquelle, pour le moment, il nous importe d'insister, c'est que lors même que les preuves *a posteriori* n'établiraient pas évidemment cette solidarité, ce ne serait en aucune façon ravaler la nature de l'homme que d'établir une telle relation entre lui et les êtres inférieurs. Eh! qu'y a-t-il donc d'inférieur dans ce monde? Si l'ignorant est inférieur à l'homme instruit sous un certain rapport; sous tous les autres, sous d'autres bien plus élevés, sous celui de la dignité d'homme il lui est égal! eh bien, de même si par son organisation l'animal est, quant à ses manifestations, inférieur à l'homme, il lui est égal en tant qu'étant : car c'est Dieu qui donne l'être. D'ailleurs, comment en vérité pourrions-nous, lorsque regardant le monde comme le miroir de la Divinité nous admettons qu'elle a pu descendre jusqu'à ces êtres que nous disons si inférieurs, comment pourrions-nous craindre d'être avilis par toute relation qui nous lierait à eux?

Il n'y a donc plus lieu à ranger les hommes en spiritualistes et matérialistes; les uns et les autres n'ont envisagé qu'une face de la question : ce sera la gloire de notre époque de l'avoir embrassée tout entière.

Ces derniers, frappés de l'analogie des manifestations de l'homme et des animaux, se sont arrêtés à ce fait; et, comme par delà cette vie la métaphysique d'alors fermait tout avenir à ceux-ci, en concluant logiquement des animaux à l'homme ils se sont plu à rabaisser la dignité de ce dernier, et cela trop souvent pour établir leur propre supériorité.

Les autres, tout entiers à ces sublimes inspirations qui ravissent l'âme par delà le monde des phénomènes, ont méconnu la solidarité des êtres et la loi embryogénique qui les lie.

Oui, l'âme est matérielle si par cette expression alors inexacte on entend qu'une même essence anime l'universalité des êtres, si par là on se propose seulement d'établir une analogie entre l'homme et les animaux, par exemple : et tel a été, en effet, le principe *a priori* et *a posteriori* tout à la fois qui a conduit dans leurs raisonnements les philosophes dits *matérialistes*.

Oui, l'âme est spirituelle si l'on veut désigner par là que l'âme subsiste après la dissolution du corps auquel, pendant une durée quelconque de sa vie, elle a été unie.

En un mot : *une même essence constitue* L'AME *de tous les êtres ; offrant dans chacun d'eux des manifestations proportionnelles à son degré de développement ; et cette essence, cette âme, est immortelle.*

Mais un fait défini n'est pas pour cela expliqué. Nous n'avons voulu, dans ce qui précède, que reconnaître qu'il est un autre point de vue que le point de vue scientifique, et que celui-là est de la plus haute importance. L'observation ne nous mène à connaître qu'une face, qu'une manifestation, qu'un des moyens de Dieu ; ce n'est point par l'observation que nous pouvons pénétrer dans son essence. Le monde réel n'est donc, en quelque sorte, qu'un marchepied qui doit nous élever jusqu'à une connaissance supérieure : puisse ce marchepied ne point s'écrouler sous nos pas, et la grâce descendre en ceux qui dirigent sincèrement leurs efforts vers ce but !

Les sens ne nous révèlent donc que la face phénoménale des idées; la conscience nous en révèle l'essence. Les sens nous montrent dans le monde ambiant un triangle; mais l'idée d'un triangle parfait n'appartient qu'à l'esprit. L'idée de perfection est, réside et vit donc en nous; elle ne nous est pas apportée par l'observation; les sens ne nous révèlent que des formes, des phénomènes imparfaits, finis, passagers; la conscience nous révèle l'essence, la cause parfaite, éternelle, infinie. La conscience est donc incontestablement supérieure aux sens.

Mais est-ce à dire pour cela que nous puissions nous passer des faits révélés par les sens? en aucune façon. L'être possède en soi la faculté d'apercevoir, de comparer et de juger; l'âme rectifie les idées qu'apportent les sens, et l'idée de perfection, je le répète, n'appartient qu'à elle; mais ces sens apportent à l'âme la face phénoménale des idées : c'est incontestable.

Déduisons maintenant les conséquences logiques de ce qui précède.

Supposons le monde, la face phénoménale de l'idée connue; dès lors, inutilité de la sensation, dégagement de l'âme qui se dépouille, étend ses ailes et dirige son vol vers Dieu.

Donc, la science est aussi l'une des voies par lesquelles la grâce descend en nous.

L'âme possède en soi l'idée de perfection, d'infini, d'éternité, etc., etc....: cette idée, elle ne la crée pas. D'où lui vient-elle? de l'infini, de la perfection, de l'éternité, etc., etc., dont elle est une émanation.

Or si nous concevons le dégagement de l'âme, nous concevons de même le dégagement de ce parfait, éternel, infini, etc., etc.

De là, Dieu en dehors du monde, « LIEU DES IDÉES COMME L'ESPACE EST LE LIEU DES CORPS, » suivant l'expression plus que sublime de Mallebranche[1]; et de là aussi Dieu se manifestant par le monde, passant dans le monde, comme l'enseigne Spinosa.

Nous concevons donc qu'on puisse essayer, par le seul emploi des forces de l'âme, de reconstruire le monde; comme Descartes, douter de tout ce qui n'est pas l'âme; comme Spinosa, s'élever de prime abord sur les sommités de l'infini; avec Fichte, substituer son *moi* à la création; car, bien que la création soit Dieu, inévitablement, Dieu est cependant encore et tout entier en dehors du monde qui n'est qu'une de ses faces multiples.

Mais quand Dieu s'est manifesté par le monde, et que nous ne sommes nous-mêmes, en partie, qu'une des modalités de cette manifestation, pouvons-nous logiquement mépriser ce monde et en croire la connaissance superflue, sinon vaine? Si Dieu s'est manifesté par le monde, est-

[1] Dans son livre *la Recherche de la Vérité*.

ce sans raison et sans but? Si Dieu a uni notre âme à notre corps, est-ce encore sans but et sans raison? Et pouvons-nous espérer de connaître Dieu et de nous connaître nous-mêmes, sans connaître cette face de nous-mêmes et de Dieu, qui n'est, évidemment, que parce qu'elle ne pouvait pas ne pas être?

Loin de là; réduite à n'être plus qu'une manifestation de Dieu, la nature n'en est pas pour cela moins indispensable à connaître, même pour pénétrer dans le sein de Dieu; car, en tant que manifestation de Dieu, elle dérive nécessairement de son essence.

De là nécessité, même théologiquement parlant, de l'étude des phénomènes.

Et telle est, d'ailleurs, la solidarité que Dieu a établie entre l'âme et le corps, qu'aucune inspiration de l'âme n'est démonstrativement établie si les faits ne la confirment, et que, réciproquement, nulle apparence puisée dans l'étude de la nature n'est admise irrévocablement si ce n'est à condition qu'elle s'accorde avec les inspirations qui découlent de la nature même de l'âme.

Dieu a donné la matière comme véhicule aux âmes. C'est à tort que les métaphysiciens croient pouvoir négliger l'observation scientifique; c'est à tort que les physiciens croient pouvoir négliger cette virtualité qui, sans secours étrangers, peut de prime abord s'élancer par delà les confins des choses créées : elles sont indispensables l'une à l'autre; elles se complètent l'une l'autre, et c'est entrer dans les desseins de Dieu que de suivre cette double voie.

---

## X

Toute science s'appuie sur la tradition et, pour être efficace, doit, loin de la nier, la confirmer en l'expliquant; car, de même que le gland contient le chêne, de même qu'au sein de l'atome se trouvent virtuellement toutes les forces qui, développées, présideront aux agrégations infinies, successives et de plus en plus élevées de la matière; de même la tradition renferme virtuellement tous les développements futurs de l'humanité. La science découle donc nécessairement de ce qui l'a précédée, et si parfois elle semble faire scission avec le passé, ce n'est là qu'une trompeuse et vaine apparence; et c'est pour cela que l'explication de la tradition devient le premier point dont la science humaine doive se proposer la solution. C'est à l'aide de la tradition qu'elle pénétrera dans l'avenir; elle posera l'avenir sur le passé, comme un monument sur sa base, comme le fût d'une colonne sur son piédestal. Or la tradition renferme la religion; celle-ci vient donc, comme élément du passé, comme son premier élément peut-être, se soumettre à l'investigation de la science. Comme elle a fait de l'histoire, la science explique alors la religion; l'histoire politique se composant de faits accomplis et, comme tels, soumis à l'observation, se prête aux formes vulgaires du langage; la religion, qui pénètre dans l'avenir, emprunte au contraire à l'idéalisme ses formes symboliques; la science explique ces formes, comme elle explique les propositions de la philosophie, ou les événements de l'histoire. Mais, pas plus qu'elle n'a nié la philosophie ou l'histoire, pas plus, je le répète, elle ne niera la religion; car s'il arrivait, ce qui est impossible, qu'elle la démontrât entachée de mensonge, elle se nierait elle-même en niant les faits accomplis d'où cette religion jaillit autrefois; elle frapperait au cœur la certitude humaine en montrant l'erreur accréditée pendant une longue série de siècles.

D'ailleurs, la science universelle, attribut de la souveraineté, n'appartient qu'à Dieu; et quelle que soit l'extension que la science puisse prendre, il est de profonds mystères devant lesquels, comme le chrétien devant les mystères de sa religion, elle doit se prosterner et décliner humblement sa compétence. Elle peut bien pénétrer dans les lois et les causes secondes des faits; mais par delà ces lois et ces causes secondes, partout se manifeste le doigt d'un pouvoir supérieur, impénétrable à l'humaine faiblesse. Appelée à discourir sur le monde, la science ignore la raison de l'existence du monde; l'origine lui en est célée, et le but lui est caché comme l'origine. Si, par la pensée, elle entrevoit vaguement le cours des choses, elle ignore et la cause et le but de ce perpétuel mouvement; elle essaie de parcourir le cercle, ce cercle qui part de Dieu et qui revient à lui; mais elle reconnaît bientôt que, pour quelques fragments à la connaissance desquels elle ne peut s'élever que d'une façon bien imparfaite, l'immensité toujours entière se dérobe à ses regards.

Alors elle comprend que la solution du

problème ne sera possible que lorsqu'elle aura parcouru le cercle entier, et elle sait que cela n'entre pas dans les destinées terrestres de l'humanité. Toutefois elle conçoit que, quelque étroit que soit le fragment qui se déroule à la surface de notre globe, l'idée que l'humainité se fait de Dieu sera et bien moins imparfaite, et bien plus digne, et bien plus sainte, lorsqu'elle aura fourni cette étroite carrière (si tant est toutefois que quelques pas de plus comptent devant l'infini!). En attendant donc que de nouvelles révélations descendent en elle, elle s'incline devant celles de ses perfections qu'il a plu à Dieu de lui révéler; et sans tenter follement de résoudre prématurément des problèmes dont elle sait la solution interdite à l'homme, instruite par la douloureuse expérience de l'humanité, elle attend avec une sainte résignation!

Ainsi, telle que nous la concevons, la science résume le passé et prophétise l'avenir; elle fait, dans l'universalité de son étendue, ce que chaque science spéciale, parvenue à un certain degré de développement, fait dans le cadre restreint de son action. Mais, dès ce moment, elle quitte le vain langage de la dispute pour celui de l'affirmation; elle ne cherche plus à renverser, à détruire, mais à construire et à édifier; elle ne nie plus, elle dogmatise. Alors donc cesse cette triste, mais nécessaire querelle de la religion et de la science. Tant que la science fut morcelée en un nombre illimité de spécialités, ceux qui se livrèrent à l'étude de chacune d'elles, perdant de vue toute idée d'ensemble, oublièrent la divine mission de la religion : dès lors ils ne surent plus rien comprendre à cette admirable forme symbolique qu'elle a revêtue comme étant la seule qui pût renfermer l'avenir; à l'esprit de la lettre ils substituèrent la lettre morte; et quand ils eurent fait ainsi de leur spécialité un amas diffus et incohérent, ils en prirent un à un, et successivement, les petits faits et s'en servirent pour contrôler les livres saints; et, comme les lambeaux d'une science démantelée s'accordaient nécessairement mal avec une lettre réduite au mutisme le plus absolu, ils ont crié à l'erreur, à la folie, au mensonge!

La science alors, et par l'ignorance de ceux qui la cultivèrent, et par la mauvaise foi des défenseurs de doctrines perverses, et par la faute même des prêtres qui, plus que tous les autres peut-être, ont compromis la religion en niant brutalement des faits scientifiques qu'une inintelligente interprétation des livres saints leur fit souvent à tort considérer comme opposés à la tradition chrétienne, la science devint pour les âmes ferventes une sorte d'épouvantail. La science cependant ne touche à rien de sacré, à rien de ce qui a droit aux respects des hommes; et, s'il est d'ignorants disciples qui, sottement partisans de cette croyance, que l'on ne doit accepter que ce dont l'on sait la raison, l'origine et le but, ont cru pouvoir s'élever contre la foi du chrétien, ceux-là même s'inclinent à chaque nouveau pas qu'ils font dans la science devant des mystères en face desquels leur intelligence s'abîme. Et d'ailleurs réfléchissons-y, saurions-nous raisonnablement nous croire en droit de refuser à des assemblées de docteurs le bénéfice de cette grande pensée de saint Jean : *per hoc cognoscimus quod in Deo manemus, et Deus manet in nobis quod de spiritu suo dedit nobis?*

Or, cette lutte, dont tant d'esprits gémirent, fut salutaire, en ce sens qu'elle favorisa les immenses progrès que dûrent faire les sciences, du moment où elles n'eurent plus foi qu'en elles-mêmes; elle fut nécessaire, parce que les temps de reconstruction étant venus, il fallait que le sol fût rasé et bouleversé jusqu'en ses fondements; mais cette lutte ne devait être que transitoire, car il s'agissait d'édifier, de semer le nouveau monde sur les débris de l'ancien, de remplacer des croyances mortes par des croyances nouvelles et fécondes; et la science, arrivée à point nommé à un immense développement, devait en fournir le germe : il allait se passer de nouveau dans la société humaine l'analogue d'un grand phénomène cosmogonique; car de même qu'à l'origine Dieu s'était incarné par le fait de la création, le moment était venu où l'idéal chrétien devait aussi se faire chair; et qu'alors de ce plateau plus élevé un horizon plus vaste devait bientôt fournir les éléments d'un idéal nouveau et plus brillant.

Mais, arrivée à ce point, la science qui sait alors à quelles destinées elle est appelée, ne nie plus la religion, elle l'explique; elle ne la renverse pas, elle la continue; phénomène qui se reproduit dans chaque homme, comme il se produit dans l'humanité, et qui a fait dire à un philosophe, à Leibnitz, je crois : « Un peu de « sience éloigne de la religion, beaucoup « de science y ramène. »

C'est en vain, en effet, que l'on espérerait se séparer de la tradition; c'est en vain que des esprits sans philosophie s'efforcent, dans l'enivrement causé par quelque découverte dont ils s'exagèrent la valeur, et dans le but mesquin de s'attribuer le mérite exclusif d'une invention brillante, de rompre avec le passé. Chaque instant est lui-même, tout à la fois passé, présent, avenir; et comme le temps, au sein duquel elle se développe, l'histoire de l'humanité est une chaîne sans rupture, dont les deux bouts plongent dans l'éternité!

Mais parce que, semblable à un corps grave dont la chute, à mesure qu'il approche de son but, s'accélère et croît dans une progression géométrique, l'humanité, dans sa marche incessante, puise dans chaque progrès accompli les éléments d'un nouveau progrès; parce que sa marche, à elle aussi, s'accélère à mesure qu'elle avance dans l'avenir; parce qu'enfin elle ne procède plus qu'à pas de géants dans ses découvertes incessantes, et que, chaque jour, des résultats immenses, inespérés, viennent récompenser dignement ses glorieux efforts; voici que les auteurs de chacune de ces découvertes, oubliant que leurs travaux n'ont été possibles qu'après ceux qui les ont précédés, nient hardiment l'œuvre de leurs devanciers; voici que, pour s'attribuer le mérite exclusif de leur élévation, ils rompent volontairement avec tout ce qui les a précédés; se réduisant d'eux-mêmes au rang de bâtards, comme pour parodier le mot fameux de ce grand homme qui fut le premier noble de sa famille; hommes vains, qui ne s'élèveraient jamais assez haut s'ils ne foulaient le genre humain aux pieds (avec tacité de leur faiblesse!); hommes sans foi et sans religion, qui, pour mieux exalter leur gloire, effacent d'un trait de plume la gloire acquise de l'humanité; fils ingrats, qui frappent le sein qui les a nourris, et qui se bouchent les oreilles pour ne pas entendre cette voix auguste du passé qui leur crie comme, au récit de Diogène Laërce, s'écria Platon quand on lui eut appris qu'Aristote venait de se séparer de lui : « Il a rué contre nous, comme font les poulains contre leur mère. » Et ils n'auraient pas, eux, à répondre pour leur justification, le mot si fameux du philosophe de Stagyre : *Amicus Socrates, amicus Plato; sed magis amica veritas.*

Cependant, hâtons-nous de le dire, si nous avons pour le passé un respect religieux, nous sommes loin toutefois de vouloir lui sacrifier le présent; ce serait tomber dans une erreur toute semblable, quoique opposée à celle contre laquelle nous nous élevons. Nous sommes loin de vouloir, pour faire plus grande la part du passé, ravaler celle du présent; et enfin ce qui a été ne nous semble si respectable qu'à cause de ses liens de parenté avec ce qui est, même avec ce qui sera. Attaché de cœur et de conviction au principe, si profondément religieux, de la perfectibilité humaine, l'histoire de l'humanité nous semble sur une échelle plus élevée, la représentation de ces glorieuses familles patriciennes qui, dans l'antique république de Rome, perpétuaient, pendant plusieurs siècles, une illustration dont les lueurs brillantes sont parvenues jusqu'à nous : héritier de la gloire de ses ancêtres, chaque Fabius léguait à sa postérité cette gloire intacte accrue de sa gloire personnelle. Il en est ainsi de l'humanité; mais tandis que l'illustration des hommes, des familles, des cités, des nations s'écroule avec les monuments follement destinés à en perpétuer le souvenir, l'humanité, toujours vivace, seule éternelle, s'avance ombrageant à chaque pas son front de palmes nouvelles, et le dogme de la perfectibilité nous empêche d'assigner jamais un terme à cette marche progressive; aussi que le géomètre vienne prédire l'infaillible destruction de notre globe, antique cité du genre humain, obligés d'accepter ses probabilités et ses chiffres, notre foi dans ce dogme éternel n'en reste pas moins vive; car au delà des faits il y a les principes. Un fait, un phénomène est, de sa nature, éphémère, transitoire, borné dans l'espace et dans le temps; un principe, au contraire, est, dans son essence, incommensurable, éternel. Thèbes et Memphis ont péri, et n'ont plus laissé au voyageur épouvanté que quelques ruines éloquentes; avant l'Égypte, la civilisation avait fécondé d'autres régions, dont les traditions se confondent avec les légendes mythologiques; elles ont passé aussi; mais leur civilisation traversant l'antique Égypte s'est reflétée jusque dans la Grèce, d'où, concentrée comme dans un vaste miroir d'Archimède, elle est venue se répandre sur tout notre Occident. Aussi, que notre globe soit destiné à une ruine certaine, eh bien, c'est que par delà l'espace existe quelque champ inexploré, quelque Occident nouveau, que devront féconder un jour ces éternels principes : cela est possible, donc cela est. *De ce qu'une chose peut être, conclure qu'elle est quelque part, c'est*, dit l'abbé Terrasson, *une vue de haute philosophie*.

« Il y a sur la terre et dans le ciel, dit « Hamlet, plus de choses que notre phi-« losophie n'en voit dans ses rêves. » Ce mot de Shakspeare est d'une admirable portée. Ce sont de tels génies qui ont fait dire à Leibnitz, que « l'âme du poëte est « le miroir du monde. »

Oui, il y a dans le ciel et sur la terre plus de choses que notre philosophie n'en voit dans ses rêves! Entre les différentes branches de nos connaissances, il y a des abîmes où l'intelligence se perd. Peut-être l'avenir jettera-t-il sur leurs rives un pont à l'aide duquel la pensée les franchira d'un pied ferme : cela sera, car, de toutes parts, tout vient de tout et retourne à la fois vers tout. *In Deo vivimus, movemus et sumus*, a dit le grand vulgarisateur de la foi chrétienne. Émanée de Dieu, l'âme humaine rentrera dans le sein de Dieu ; et, pour se guider dans cette voie, elle est éclairée d'un divin fanal ; l'esprit de Dieu, qui plane sur les choses du monde, se reflète aussi dans le cœur de l'homme : *est Deus, in nobis, agitante calescimus illo.* Toutefois, malgré la divine boussole qui lui indique la voie à suivre, le vaisseau de la pensée humaine sombrera bien des fois encore sur une mer semée de précipices inconnus, et agitée par d'incessantes tempêtes ! La carte de ses pérégrinations intellectuelles n'est pas tracée complétement, et la découverte de chaque parage se comptera par de nombreux naufrages ; mais l'enthousiasme grandit dans les revers : chaque nouveau martyr contemplera la foi des hommes!

La foi! divin flambeau qui brûle dans l'âme des élus; la foi! sans laquelle rien de grand ne se fait; la foi! dont la puissance mesure la puissance de celui qui la porte! Il en est qui l'ont répudiée, et qui, par une singulière transposition de rôles, l'ont considérée comme l'apanage des âmes faibles! Les *beaux* de l'impiété se sont drapés dans leur aveuglement; mais c'est assez pour la justification de notre espèce, que ceux qui l'ont reniée en fassent involontairement profession à chacun de leurs actes : il faudrait une existence plus qu'inerte, pour qu'à chaque heure du jour l'homme ne témoignât de sa foi. Quiconque agit espère en soi, et cette foi en soi implique nécessairement la foi en Dieu, de qui tout émane. De même, par une loi providentiellement fatale, quiconque nie Dieu, par cela seul, fait un acte de foi; car, en niant Dieu, il s'affirme, et du moment qu'il s'affirme, il affirme nécessairement la puissance qui l'a créé : révélation admirable et sainte, que s'efforcerait en vain de méconnaître le plus profond aveuglement!

Et c'est à dessein que nous insistons sur ce point; il semblera étrange à quelques esprits, je le sais, qu'un naturaliste tienne un tel langage, car longtemps la science a été une école d'impiété; et beaucoup peut-être nous accuseront d'aborder un sujet banni du cadre de nos études. Ceux-là seuls qui n'ont pas compris la portée de la science nous feront ce reproche; aussi, pour toute réponse leur recommanderons-nous de prendre à l'avenir un peu plus conseil de leur cœur, sans toutefois, pour cela, moins consulter leur esprit. Cela ne gâtera rien, car l'esprit et le cœur sont faits pour s'accorder ensemble. Pour nous, en pensant à l'immense puissance qui réside en la science, nous ne pouvons concevoir que celle-ci reste impassible en présence de la souffrance qui ronge notre société ; et quand cette souffrance découle en grande partie de l'absence de toute croyance, nous nous demandons comment la science qui a en elle du baume pour ces plaies, qui n'a qu'à ouvrir ses trésors pour calmer tant de douleurs peut rester indifférente et muette. Nous savons qu'il en est qui sont entrés systématiquement dans cette voie; entre ceux-là et nous il n'y a rien de commun; c'est aux amis du vrai que nous nous adressons, et plus qu'à ceux qui sont forts par l'intelligence; à ceux qui cherchent, à ceux qui souffrent, à ceux qui, deshérités de toute croyance, s'enquièrent d'une croyance; qui, se sentant encore la foi dans le cœur, demandent un objet auquel cette foi sans but puisse se rattacher; à ceux qui ne se sont pas tellement enrayés dans le bourbier du présent, qu'ils aient complétement perdu l'horizon de vue; à ceux qui, ayant adressé partout leurs prières, sans que leurs prières rencontrassent d'écho, se sont retirés du monde, et ont cherché vainement dans la solitude, comme Lélia dans des cloîtres abandonnés, l'aliment auquel aspiraient leurs âmes; ou qui, lassés de prier et de gémir, ont maudi comme Byron, ont comme lui promené par toute la terre leur épouvantable infortune, et jeté sur le monde leurs blasphèmes et leur désolante ironie; à ceux aussi dont la souffrance moins altière, mais plus profonde peut-être, car elle n'a pas la satisfaction de l'orgueil, se cache dans le sein de la famille, se traduit par des soupirs étouffés et des pleurs secrets; à ceux qui gémissent sans savoir pourquoi, qui désirent, et qui ne peuvent se rendre compte de leurs vagues désirs; qui espèrent, et qui ignorent ce qu'ils espèrent; à ceux qui n'avaient de refuge que dans la religon, et auxquels la religion a manqué; qui attendaient le Christ, et qui se désolent en voyant que le Christ ne vient pas; à ceux qui ont perdu toute foi, parce que la religion dans laquelle ils avaient placé leur foi s'est éteinte; qui se sont crus exclus du ciel, parce que les portes de l'église se sont fermées; qui ont perdu toute confiance en Dieu, parce que le prêtre était dépouillé de son prestige; à ceux qui n'ont rien su comprendre au grand mystère de la lutte de la religion et de l'impiété, lutte dont il semble que l'impiété soit sortie victorieuse; à ceux qui ont dans leur désespoir interrogé la science, et pour lesquels la science n'a point eu de réponse; qui, faibles d'esprit, ont, malgré eux, ajouté foi aux blasphèmes des faux docteurs qui niaient Dieu, et qui par lâcheté ont renié aussi leur propre foi; à ceux-là nous nous adresserons, et nous leur dirons: Comme vous, avant que la foi dans l'avenir s'élevât dans notre âme au rang de religion, comme vous, nous avons tous pleuré et souffert; comme vous, nous nous sommes désespérés en voyant nos fraîches illusions crouler;

nous avons renié aussi, nous avons aussi blasphémé; comme eux, nous nous sommes fait gloire de notre incrédulité, et nous nous sommes vantés de notre apostasie. Mais c'était là un grand mystère, et comme l'humanité, qui a eu son jour de doute, de souffrance et d'indifférence, il fallait que chaque homme eût son heure de doute, son heure de souffrance et d'indifférence. Ce n'était là qu'une initiation, douloureuse et terrible, mais passagère, car le jour annoncé par le Christ allait venir; la bonne nouvelle prophétisée allait se réaliser, et les portes du nouveau monde s'ouvrir; or il était écrit à l'avance que les temps de l'Apocalypse précéderaient cette aurore d'un nouveau jour, comme la tempête amène le calme. Chaque homme devait donc porter dans son cœur cette apocalypse comme l'avait portée l'humanité; comme le Christ, chacun de nous devait subir mille avanies, traîner sa croix et suer son sang sur le

Calvaire; il fallait que, comme le Christ, l'humanité, chaque homme, eussent leur trois jours de tombeau. Mais après trois jours, l'heure de la résurrection, comme pour le Christ, devait sonner pour l'humanité et pour chacun de nous, et cette heure ne tardera pas; car des germes féconds sont jetés dans le monde; mais tout enfantement a lieu dans les larmes, et l'humanité est en état de gestation : le moment de la parturition sera celui des grandes choses!

Toutefois, au moment de quitter le vieux monde qui s'écroulait, suivant la prophétie du Christ, âmes terrestres, nous avons regretté ce monde auquel nous étions habitués; nous n'avons pas vu que, comme la chrysalide qui se transforme en insecte ailé, le monde allait revêtir une nouvelle parure; dans ce changement de demeure, nous n'avons vu que les embarras du déménagement, et nous n'avons pas compris que nous quittions une masure lézardée, tombant en ruines, pour de magnifiques palais! Ames vaines et aveugles, comment pourrions-nous nier la main providentielle qui nous guide!

Pourquoi la science ne tient-elle pas ce langage? craindrait-elle de déroger? Mais, quoi! déroge-t-on lorsqu'on entre dans les vues de Dieu? Ces souffrances sont de celles que Dieu seul sait calmer, et la science, en leur apportant un baume salutaire, remplit un office vraiment divin.

*Si je fais quelque cas de la science,* disait Leibnitz, *c'est qu'elle me donne le droit de réclamer le silence quand je parle de religion!*

La science ainsi conçue, on le voit, c'est toute une religion. C'est la religion la plus vaste que l'homme ait possédée encore. Riche de la connaissance du passé, elle a le mot de l'avenir, et ce mot, ses lèvres ne le tiendront pas captif; à une heure providentiellement marquée, elles le répandront sur le monde; et, fécondante poussière, il sèmera le bonheur en même temps qu'il fera descendre la foi dans nos âmes!... Après cette lente et douloureuse pérégrination à travers les siècles passés, l'esprit humain arrivera aux portes de l'avenir, et ces portes s'ouvriront d'elles-mêmes devant lui, découvrant les ineffables magnificences de ce champ d'asile, objet de nos souhaits les plus ardents, vers lequel tendent instinctivement toutes les ambitions, que l'âme n'entrevoit que confusément dans ses plus enivrantes extases, auquel la douleur sert d'initiation, et dont l'amour, divin baptême, est un prélude de révélation. Alors, comme Moïse sur le seuil du tabernacle, la science se déchausse, quitte ses vêtements humains, se purifie de toute souillure, car elle va contempler Dieu, et les anges seuls y sont admis!

Ici la science abjure un langage profane, et pour se faire entendre, elle n'a plus que deux formes : la Poésie, si elle révèle Dieu, car Dieu est tout amour; la

Géométrie, si elle raconte la création; tout à la fois géométrique et poétique, si, profondément religieuse, elle essaie de peindre la mystérieuse et divine harmonie de l'être!

La science revêt alors des proportions colossales, et nos édifices sont trop étroits pour la contenir; avec Platon, elle enseigne Dieu du sommet du cap Sunium; et sa voix, dominant les mugissements des flots, s'élève retentissante et religieuse jusqu'à la voûte même des cieux; plus de barrières, plus de murailles élevées entre elle et le monde! à moins que, dans une enceinte gigantesque, dont les vastes portiques s'ouvrent au son des cloches, les masses conviées à la cène céleste puissent venir en foule écouter religieusement la parole du maître qui monte, au milieu de nuages d'encens, jusqu'au sommet de ses voûtes symboliques! Mais le jour où la science a pris ces proportions, le maître n'est plus le maître; il est l'apôtre; la science s'est faite religion, le savant s'est fait prêtre, les disciples fidèles; la chaire professorale est devenue la chaire de vérité; l'amphithéâtre s'est fait église!

Tel est le magnifique avenir auquel la science moderne a le droit de prétendre, auquel elle aspire à son insu, mais providentiellement; écho fatal de la multitude, la science ne s'appartient pas; sentinelle avancée, elle pénètre la première dans l'avenir, elle trace, elle creuse de profonds sillons, et les semences qu'elle a jetées dans ces sillons germent quand le moment est venu. Lorsqu'une croyance s'ébranle et croule, il y a toujours là un sol préparé par la science, où une croyance nouvelle a germé lentement et s'est élevée en silence. La religion est indestructible! elle renaît de ses cendres, plus radieuse à chaque métamorphose. C'est le fanal qui montre la voie à suivre, le vivifiant soleil autour duquel l'humanité gravite; et si la philosophie ne manque jamais d'esprits intrépides qui la relèvent de ses chutes, la religion non plus n'a jamais manqué d'apôtres! L'avenir aura son Christ, il aura Pierre et Paul! Nulles persécutions ne sauraient entraver l'élan de la pensée humaine! et si le Golgotha doit boire une fois encore le sang de l'homme, qu'importe puisqu'il ressuscitera en trois jours!

---

# PLAN DE L'OUVRAGE.

Nous devons aborder maintenant le sujet de ce livre. On en comprend le but : c'est, par une appréciation exacte de la zoologie générale, de poser les bases de la philosophie naturelle. La tâche que nous entreprenons est grande, et peut-être la lecture du Discours qui précède aura-t-elle permis d'en embrasser l'étendue à ceux même qui ont jusqu'à présent été en dehors de ces études. Mais, quelle que soit l'importance philosophique d'un pareil travail, son intérêt, du point de vue spécial de la zoologie, n'est pas moindre, et depuis longtemps déjà les bons esprits en ont senti le besoin. En effet, lorsque dans une science quelconque un progrès important s'est manifesté, on éprouve tout naturellement le besoin de reporter un instant ses regards en arrière, et cela, dans le triple but de mesurer le chemin parcouru, de déterminer par quelles phases successives a dû passer l'humanité, et enfin de déduire de cette connaissance de ce qui a été, la prévoyance de ce qui sera, pour, dans la constatation de ce progrès, puiser de nouvelles preuves à l'appui du dogme de la perfectibilité humaine.

Cela est évident et n'est pas admis cependant. Non-seulement on voit en général les savants s'opposer de toutes leurs forces à l'importation de la philosophie dans le domaine de leur spécialité, mais encore s'enquérir fort peu des enseignements de l'histoire, et ne guère citer leurs devanciers que pour établir leur supériorité sur ceux-ci. Ouvrez les livres des hommes qui, à notre époque, occupent le rang le plus éminent dans les sciences dites d'observation, dans presque tous vous trouverez cet étrange oubli des principes les plus élémentaires de la saine philosophie, cette ingratitude complète pour tout ce qui les a précédés, oubli qui témoigne soit d'une insouciance entière de l'avenir, soit d'une ignorance manifeste des moyens par lesquels s'effectue le développement de l'humanité. L'auteur de quelque classification prétendue nouvelle refusera de voir autre chose dans ceux qui l'ont précédé, que d'intelligents manœuvres qui auront récolté et charrié à grand' peine les matériaux du sublime édifice que son intelligence aura suffi à créer; tout au plus se croira-t-il obligé à quelque sentiment de reconnaissance pour la patience que ses devanciers auront apportée à l'ingrat labeur auquel ils auront, suivant lui, dévoué leur existence; et pour avoir le droit de se dire généreux à leur égard, tout en les déshéritant de leur gloire réelle, il affectera de vanter en eux des qualités de peu de valeur : c'est une fiche de consolation qu'il leur octroie magnifiquement, comme ces hochets qu'on donne à l'enfant pour lui faire oublier le sujet de ses larmes. Ainsi, tel auteur d'une classification du règne animal, par exemple, ne voit dans ses prédécesseurs que d'habiles terrassiers qui ont convenablement préparé le terrain sur lequel il a construit. Toutefois, loin d'être ingrat envers eux, il avoue que Buffon fut un admirable écrivain, et Linné un nomenclateur habile. Il est vrai que l'histoire de la science pourrait avec quelque raison lui objecter que s'il existe dans son œuvre des vues générales, de rares pensées d'ensemble sortant du terre-à-terre des descriptions anatomiques ou zoologiques, c'est au premier qu'il le doit, et que dans le second se trouve le vrai modèle sur lequel il a calqué ses classifications prétendues nouvelles. Mais quelle mauvaise grâce on aurait à faire d'aussi mesquins reproches à un homme qui accorde à ses devanciers une part si magnifique! Buffon littérateur, et Linné philologue! Et cependant, notons-le bien, rien n'arrive dans le monde spontanément, sans antécédents, sans liens de parenté avec ce qui fut, de même qu'il n'y a aucun fait, quelque mesquin qu'il soit, qui n'envoie, en quelque sorte, des prolongements dans l'avenir, et n'y exerce une plus ou moins grande influence; autrement, ce seraient là des effets sans cause et des causes sans effet : deux choses également absurdes. Rien n'apparaît isolément dans le monde physique ou dans le monde intellectuel : tout fait, quelque étrange qu'il paraisse, trouve son origine, sa raison, sa cause dans le passé; toute tendance, quelque exagérée même qu'on la suppose, a sa source dans ce passé; toute école, quelque nouveaux que soient en apparence les principes qu'elle proclame, n'est elle-même qu'une conséquence des écoles antérieures; il n'y a enfin, ainsi que nous avons déjà eu occasion de le dire dans un autre travail, il n'y a qu'une école, celle à laquelle passent tous les hommes, passe l'humanité tout entière, pour apprendre à déchiffrer le livre de la nature. Si donc, dans les travaux d'un auteur, il se trouve quelque chose d'une valeur réellement supérieure aux œuvres du passé, bien loin d'être autorisé par cela seul au mépris du passé, c'est pour lui une éclatante occasion de lui rendre un sincère hommage.

De là, quelle que soit notre appétence de connaissances nouvelles, quelqu'invincible que soit l'ardeur qui nous pousse vers l'avenir, quelle que soit la bienveillance avec laquelle nous devons nous faire un devoir d'accueillir toute idée nouvelle, gardons-nous d'oublier, ne serait-ce qu'un instant, la grande leçon du passé; gardons-nous de croire vaine, ou du moins superflue, cette expérience lentement accumulée. Quiconque croira pouvoir travailler sans s'enquérir de ce qui a été fait n'enfantera que de vaines hypothèses, que de stériles théories, que des systèmes morts-nés; l'enfant n'atteint point tout à coup la haute portée des vues de l'homme mûr; et quiconque ne s'enquerra soigneusement du passé, apportera dans les faits intellectuels l'impéritie, l'ignorance, la folle présomption que l'enfant apporte dans la vie. L'histoire du passé est la plus éloquente leçon de l'avenir; aussi l'interprétation du passé faite du point de vue du savoir présentement acquis de l'humanité, serait-elle le traité le plus complet et le plus élevé de philosophie. Toute œuvre, au contraire, qui ne s'appuiera sur le passé sera construite sur le sable; les vents et les pluies légères renverseront ce débile monument.

Ces données évidentes en soi, ces principes qu'enseigne la saine philosophie, ces lois inscrites partout dans l'histoire des sciences spéciales, dans l'histoire entière de l'humanité, dans le déroulement successif des phénomènes naturels, nous nous serions dispensé de les rappeler ici, si nous n'avions acquis la conviction qu'ils sont, sinon complétement ignorés, du moins sans cesse oubliés par le plus grand nombre des hommes qui se livrent à l'étude des sciences : les métaphysiciens, les théologiens, les philosophes, tous les penseurs aux vues synthétiques s'étonneront de cette assertion. Habitués à la recherche des lois les plus générales et des causes de ce qui est, ces données si simples, mais fondamentales, sont profondément inscrites dans leur esprit; mais il est des hommes qui, resserrés dans l'étude spéciale, exclusive d'une science, ou même d'une partie la plus étroite possible d'une science quelconque, vivent, en quelque sorte, dans le cercle de leur spécialité comme au fond d'un puits profond, ne connaissant du ciel que la portion qui se trouve immédiatement au-dessus de leur tête, et très-disposés à nier qu'il existe autre chose que ce qu'ils voient du fond de leur terrier.

Toutefois, si nous insistons sur cet oubli des principes, qui, selon nous, doivent constamment guider les travailleurs, que l'on se garde de croire que ce soit par quelque opposition systématique contre les hommes. Les auteurs dont nous avons à parler ne nous sont point en général personnellement connus; nous avons impartialement médité leurs œuvres, apportant dans cette étude tout le zèle dont nous sommes susceptible; aussi nos erreurs (et tout homme est sujet à en faire) seront toujours celles d'un homme qui se trompe de bonne foi, car jamais un motif étranger à notre sujet ne saurait nous conduire dans la route que nous nous sommes tracée : la recherche du vrai. Si nous avons conçu pour quelques hommes une vénération profonde, nul, en échange, ne nous a inspiré de haine. Qu'il nous soit donc permis de déposer ici l'expression bien imparfaite de notre reconnaissance pour l'un des plus grands génies dont s'honoreront les temps modernes.

Entraîné vers les sciences par une vocation irrésistible, nous y sommes entré nous ne dirons pas sans appui, notre volonté nous en tenait lieu, mais sans le secours de ces conseils, si nécessaires à celui qui parcourt une voie inconnue, et en l'absence desquels chaque pas est hérissé d'obstacles. Abandonné à nos propres forces, ce n'est que bien péniblement que nous avons acquis une expérience encore bien imparfaite : bien des fois, nous avons eu la douleur de reconnaître que nous nous étions trompé; souvent, après bien des pas faits dans une voie que nous avions crue bonne, nous nous sommes aperçu que nous nous étions fourvoyé; notre esprit a subi de cruelles vicissitudes. Des angoisses bien poignantes et que comprendront tous ceux qui ont partagé une position semblable à la nôtre, ont rempli les longues heures de nos veilles; mais tandis que notre esprit était plongé dans une incertitude bien voisine du désespoir, un jour que nous étions sur le point d'abandonner une voie dans laquelle nous étions entré avec tant d'ardeur, mais que nous avions vainement explorée dans tous les sens, pour y découvrir la vérité, un livre nous tomba sous la main[1]; ce livre fut le fil d'Ariane qui nous conduisit dans cet inextricable laby-

[1] Est-il besoin de dire qu'il s'agit ici de la *Philosophie anatomique?* ouvrage dont le titre même était nouveau en France, ouvrage que la France pourra se glorifier d'avoir produit au même titre qu'elle se glorifie d'avoir produit la *Méthode* et *l'Esprit des Lois*, et dont la date, 1817, sera célèbre dans l'histoire de la science, comme ayant glorieusement ouvert, à l'époque de la plus grande faveur des études descriptives, un champ fécond et inexploré.

rinthe qu'avaient formé comme à l'envi tant d'auteurs sans philosophie. Ce fut le flambeau qui éclaira notre marche chancelante; alors les montagnes qu'avaient élevées ces amas de travaux sans but et sans logique s'affaissèrent, et nous entrevîmes la vérité cachée au fond du temple dont ce livre nous ouvrait tout à coup le majestueux portique.

Si nous n'avions pas eu à rendre hommage à notre premier bienfaiteur, c'eût été celui auquel nous devrons tout notre avenir intellectuel, que nous aurions supplié de recevoir l'offrande de notre livre. C'eût été le profond génie qui aura fait de la zoologie, ainsi que le lui avait prophétisé son vénérable maître, une science toute française; celui auquel il fut donné, à moins d'un siècle de distance, de reprendre et de continuer l'œuvre de Buffon, en la fécondant par cinquante années de méditations et de découvertes incessantes; celui auquel entre tous les naturalistes de notre époque, il fut donné d'avoir l'intelligence la plus complète des faits naturels; l'auteur d'innombrables découvertes, dont la gloire sera moins grande à ce titre, qu'à celui d'inventeur et de vulgarisateur de méthodes nouvelles; celui auquel ses travaux de naturaliste auraient assuré une gloire durable, et qui a ambitionné et mérité le titre de philosophe; dont la gloire sera tout à la fois celle de Buffon et de Bacon; et, pour résumer en un seul nom tant de titres à l'immortalité, Geoffroy Saint Hilaire.

Mais, nous le répétons, bien loin de descendre jamais jusqu'à faire aux hommes une opposition qui prendrait sa source dans des motifs purement personnels, nous oublierons complétement les hommes pour n'avoir à nous occuper que de leurs travaux; et s'il arrive, comme nous en avons peur, que nous ayons souvent à constater, dans l'énumération que nous aurons à en faire, les fâcheuses tendances que nous venons de signaler, ou plutôt toute absence de tendance, bien loin de leur en faire un reproche personnel, nous ne verrons dans ce fait qu'une conséquence même des principes au milieu desquels ces hommes se trouvent placés; qu'une manifestation phénoménale de la connaissance humaine; car, dès qu'une chose est, bonne ou mauvaise, sa cause se trouve en dehors d'elle. Il est des hommes, en effet, qui doivent vivre dans le cercle de leur époque, comme le prisonnier rivé à sa chaîne; mais si ce principe nous prescrit la tolérance envers ces parias de l'intelligence, il nous commande aussi le respect et l'admiration pour les vastes génies qui s'élèvent du sein de leur époque, comme ces brillantes pièces d'artifice qui s'élancent en s'élargissant dans l'atmosphère, et en l'éclairant de mille feux; ces brillants météores qui apparaissent aux moments de crises intellectuelles, comme l'éclair qui au milieu d'une nuit sombre illumine tout à coup le chemin; ces guides intrépides qui s'avancent à pas de géant au-devant de ces pygmées qui gravitent péniblement et qui, de rage de ne pouvoir les suivre, lancent sur leurs talons, la boue dont ils ne sauraient les frapper au visage. Le génie planté sur une cime escarpée, et comme un point de mire, le fanal qui devra guider les générations; le drapeau autour duquel elles devront graviter, jusqu'à ce que quelque main puissante l'enlève et vienne le porter plus loin, afin que l'humanité trouve un abri quand elle aura fourni sa nouvelle étape.

Certes, beaucoup s'étonneront qu'avec un titre tout scientifique comme celui qui se trouve placé en tête de ce livre, notre ouvrage ne soit point hérissé de mots techniques et de classifications ; beaucoup nieront qu'un livre qui ne s'est point servilement astreint au style et aux allures des descripteurs et des collectionneurs, soit un livre scientifique; serait-ce qu'en effet nous aurions déjà failli aux promesses de notre titre? Loin de là; nous avons inscrit sur l'ouvrage le grand mot philosophie, et c'est à ce mot que nous tenons de rester fidèle.

Pour nous, une histoire bibliographique de la science ne nous semble propre qu'à faciliter les recherches; c'est un catalogue de librairie ; en dehors de là, il n'y a plus qu'une histoire philosophique à faire, et cette histoire quitte nécessairement les allures d'une science descriptive. De plus, il n'y a point de philosophie possible dans une spécialité, qui, quelle que soit d'ailleurs son étendue absolue, est toujours relativement très-bornée; il nous semble impossible d'écrire l'histoire philosophique d'une science quelconque, sans faire de fréquentes excursions dans les sciences voisines, sans établir, entre celles-ci et celles dont l'on s'occupe plus spécialement, une fusion plus ou moins intime. Mais cela est surtout impraticable quand il s'agit d'une science aussi vaste que la zoologie générale, science pour l'intelligence complète de laquelle l'intelligence de tous les êtres devient un élément et comme une ordonnée indispensable; science dans laquelle on ne pourra plus entrer dorénavant avec fruit qu'à l'aide d'une connaissance approfondie des sciences générales, des mathématiques, de la physique et de la chimie, etc.; science enfin qui, quand elle aura été comprise comme elle doit l'être, devra jeter le plus grand jour sur l'histoire de l'homme, et non point seulement sur son économie; sur la connaissance de ses organes et le jeu de ses parties, mais même, ainsi que nous l'avons dit, sur la vie humanitaire.

On conçoit donc qu'arrivée à ce point (et à ce point seul, suivant nous, l'histoire de la science est utile et fructueuse), on conçoit, disons-nous, que bien loin de s'adresser à une spécialité quelconque, elle est nécessairement écrite en vue de la masse générale des travailleurs, utile aux savants de profession, comme résumant les travaux qui ont fondé la science qu'ils cultivent; et si elle est bien faite, comme leur indiquant la voie à suivre, elle revêt, pour cette autre classe de penseurs auxquels on applique plus habituellement le nom de philosophes, une importance plus grande encore peut-être; car elle les initie à une science dont ils n'ont pu approcher tant qu'elle a été entourée, hérissée, comme à plaisir, de détails techniques, de difficultés de terminologie.

Or, n'était-ce pas aussi par trop les négliger? et celui dont l'œuvre même, indépendamment de toute autre valeur scientifique, se bornerait à mettre à leur portée une partie des connaissances humaines, dont l'accès a toujours été pour eux inabordable, n'aurait-il pas, par cela seul, bien mérité de l'humanité? Au point de haut développement où en sont venues les sciences, la mission du vulgarisateur est presque devenue un sacerdoce; mais toutefois, s'il ne veut pas se borner au rôle de narrateur, il ne doit reproduire qu'en les fécondant les œuvres d'autrui : à ce prix seul, son œuvre à lui aura toute la portée d'utilité qu'elle pouvait avoir ; à ce prix seul aussi, elle sera durable. Ce sont ces deux conditions que nous nous efforcerons de concilier ; mais quelle que soit notre prédilection, nous l'avouons, pour les travaux purement scientifiques, qui absorbent nécessairement la plus grande partie de notre temps, nous ne ferons la part des savants de profession que ce qu'elle doit être, et jamais au préjudice des autres hommes ; car nous avons vu ces derniers interroger la science ; et, rebutés par ce formidable appareil de terminologie qui semble dressé contre eux comme les canons d'une citadelle contre des rangs ennemis, nous les avons entendus se plaindre amèrement de cette science qui se dérobait à eux comme l'hostie sainte se dérobe, au fond du sanctuaire, aux regards des profanes ; et nous avons compris que leurs reproches étaient fondés, et nous avons compris aussi, qu'il fallait que la science se vulgarisât en se faisant philosophique, sous peine de tomber dans la même défaveur que cette métaphysique orgueilleuse et vaine qui crut jadis pouvoir mépriser l'expérimentation.

La philosophie s'est faite savante, que la science se fasse donc philosophe.

Déjà, nous nous plaisons à le redire, des hommes de génie sont entrés dans cette voie, et ils y sont entrés d'une manière digne d'eux, à pas de géant : c'est le thème favori des hommes les plus éminents de la savante Allemagne; mais tandis que de semblables idées sont, chez nos voisins d'outre-Rhin, accueillies avec faveur, et qu'elles n'ont besoin, en quelque sorte, que de se produire pour entrer dans le domaine public, ici le préjugé, la routine, des motifs plus bas encore, imposent aux esprits des chaînes sous le poids desquelles ils doivent succomber s'ils n'ont pour les rompre le courage de Spartacus.

Au reste, nous accusera-t-on d'un optimisme exagéré si nous prétendons que cette opposition, dans son exclusivisme même, a une influence salutaire? Où a-t-on vu, en effet, que les clameurs d'une tourbe ignorante aient jamais entravé les élans du génie? Mais si ces obstacles sont impuissants à arrêter les élus de la pensée, ils opposent une barrière salutaire aux tentatives impuissantes de ceux qu'une folle audace porterait à vouloir soulever un poids qu'ils ne sauraient mouvoir; alors ce que n'aurait pu faire la crainte d'entraver par l'erreur la marche de l'humanité; celle de voir leur avenir compromis s'ils entrent dans une voie proscrite, le fait; ils s'arrêtent, et la crainte des réprimandes rend attentif au commandement du chef celui que son impatiente ardeur eût poussé à faire feu avant l'ordre.

Malheureusement, dans cette lutte misérable, souvent le génie s'use inutilement. *Leo quoque aliquando minimarum avium pabulum fuit, et ferrum rubigo consumit*, dit Cicéron.

Nous avons dit qu'il se trouvait dans la science un système tout entier, système latent, mais qui ne saurait tarder à se faire jour : le but de ce livre est de l'en extraire. Nous n'avons pu en effet, tombant dans une erreur que nous avons reprochée à beaucoup de naturalistes, faire pour l'histoire de la science ce qu'ils avaient fait pour la science même, c'est-à-dire nous borner au simple récit des découvertes, comme ils se bornent à la description des faits; mais montrer l'enchaînement des faits connus, le but vers lequel ils tendent, comme il importe qu'ils montrent, et l'enchaînement et le but de leurs découvertes. On comprend donc immédiatement que nous avons rejeté dans ce livre l'ordre chronologique, qui n'eût été qu'une simple description, pour aborder l'ordre méthodique, qui mène infailliblement à une systématisation. Bornée au simple récit des faits, l'histoire d'une science, soit qu'on la divise chronologiquement, soit qu'on la divise par époques scientifiques ou écoles, n'est plus qu'une description, ou un composé de biographies scientifiques; mais quand sans s'astreindre à l'ordre dans lequel les faits ont été découverts, ordre souvent arbitraire, puisque l'invention d'un instrument peut tout à coup apporter dans le domaine des sciences une révolution profonde, comme, par exemple, celui du microscope, dont l'influence ne peut être comparée qu'à celle qu'exerça la découverte de l'imprimerie sur la civilisation, de la boussole dans l'art de la navigation, ou de la poudre à canon dans les rapports internationaux, l'histoire sans faire acception d'hommes ni d'époques, en vient à rétablir l'ordre réel et génésiaque des faits; alors elle quitte nécessairement les allures d'une science descriptive, pour revêtir l'aspect et l'importance d'une science philosophique. Sans doute, l'ordre même des découvertes, loin d'être soumis au hasard, a ses lois fixes et immuables, et les hommes qui font époque dans l'histoire, dont les noms sont comme les drapeaux d'autant d'écoles, n'apparaissent eux-mêmes que d'une façon providentielle dans l'histoire, et en vertu de certaines lois non moins fixes que celle de l'invention des faits, et toutes les découvertes, même celles des instruments dont nous parlions tout à l'heure, œuvres du génie, ne se font elles-mêmes que d'une façon régulière et normale. Mais de même que, dans la distribution des êtres, chaque groupe naturel, bien qu'apparaissant à une heure marquée, est déjà classé scientifiquement si on lui donne dans la série une place correspondante à celle de son apparition dans les âges, se trouve soumis toutefois à un autre ordre plus philosophique, qui, embrassant les choses de haut, confond dans de certaines données unitaires les caractères disséminés çà et là, qu'il rallie les uns aux autres; l'ordre chronologique lui-même, bien que scientifique, est soumis à un autre ordre supérieur, qui traverse les époques et les lieux pour dégager certaines autres relations qui se subordonnent celles-ci; et, de plus, remarquons que dans la voie descriptive où a dû se lancer l'humanité, dans le domaine de chaque science, les faits généraux, ceux qui, dans l'économie de la nature, dominent et se subordonnent tous les autres, fruits de découvertes successives et de plus en plus importantes, n'apparaissent habituellement que les derniers, en sorte que dans un ordre méthodique qui ne considère que les relations hiérarchiques des faits, ce sont ceux qui ont été découverts les derniers qui viennent se placer en tête des autres pour les expliquer et les engendrer. Mais, arrivée à ce point, l'histoire de la science n'est autre chose que la philosophie même de la science, philosophie d'autant plus élevée que, loin de se placer du point de vue restreint de tel ou tel système particulier, elle se subordonne tous ces systèmes, les considère de plus haut que chacun d'eux ne s'est placé, les domine, les explique sans en rejeter aucun, concilie tout ce qui peut être concilié, et explique sans le rejeter jamais, ce qui est inconciliable.

Tel est donc l'ordre que nous nous proposons de suivre dans la suite de ce livre, ordre qui en justifie le titre, puisqu'il réduit à une seule et même chose l'histoire et la philosophie de la science; ordre aussi rempli de difficultés que l'ordre chronologique est, au contraire, facile à suivre; et nous aimons à croire qu'on nous rendra du moins cette justice, d'avouer que nous n'avons pas choisi celle des deux voies qui renferme le moins d'obstacles.

Toutefois, si nous étions entré tout à coup dans l'ordre méthodique, et sans nous y être préparé par aucune considération historique, alors, non-seulement nous eussions été incomplet, en ce sens, que nous aurions passé sous silence l'ordre même des découvertes; mais, en outre que cela eût pu jeter quelque obscurité sur ce livre, il en fût résulté que nous eussions perdu l'occasion de faire saillir l'un des plus hauts enseignements de l'histoire : celui de l'influence féconde de chaque nouveau progrès, et la réaction mutuelle des incessantes découvertes qui ont lieu dans le domaine des sciences. Mais il y a plus ; il est une thèse qui, prouvée par l'état actuel de la science (ce que les volumes suivants démontreront), qui, prouvée par l'aspect que présente notre époque (ainsi que nous avons eu occasion de le faire voir dans le discours qui précède), est mise hors de toute contestation par l'étude historique de la science : je veux parler de la nécessité, pour les sciences naturelles, d'entrer dans une voie philosophique. L'histoire, en nous montrant les progrès incessants de la science, l'influence qu'elle a subie de la part de la philosophie, et, à son tour, la réaction puissante qu'elle exerce sur celle-ci, démontre d'une façon inébranlable, que les immenses progrès de la science réglés providentiellement, auront pour inévitable résultat d'en faire la base dernière de la philosophie. C'est particulièrement à la démonstration de cette thèse qu'est destinée l'*Histoire chronologi-*

*que et philosophique* qui termine ce volume.

Cette histoire commence donc avec les premiers vestiges de sciences que nous rencontrons dans les fouilles de l'antiquité. Toute conjecturale, faute de documents en ce qui concerne les peuples qui ont précédé les temps historiques de la Grèce, elle devient de plus en plus distincte dans ce berceau de la civilisation occidentale; puise quelques données dans le monument élevé par Hérodote à la science de l'histoire, et se formule enfin dans les ouvrages d'Hippocrate et d'Aristote; puis, soumise aux mêmes phases que l'histoire même de la civilisation, tente quelques nouveaux efforts à Alexandrie, sous l'influence de la protection éclairée que lui accordent les Lagides, et, quand la tyrannie la force à fuir un sol devenu inhospitalier, tente en Grèce une courte et vaine renaissance, se transporte ensuite à Rome, dans le sol guerrier de laquelle elle ne pousse que de chétives racines; stationne, languit et s'endort enfin, à la chute de l'empire, d'un sommeil dont, en Occident, les commentateurs de douze siècles consécutifs d'ignorance ten-

tent vainement de la faire sortir; renaît avec toute la civilisation occidentale, lors de l'événement culminant et réellement providentiel de l'histoire moderne, je veux dire la prise de Constantinople, et, quittant alors les sentiers battus et infructueux des commentateurs et des glossateurs, va se revivifier aux sources même de la nature, ajoute chaque jour de nouveaux progrès aux progrès antérieurs, et, dans un sol fécondé par d'incessants labeurs, pousse de profondes racines, en même temps qu'au sein d'une atmosphère fécondante, elle étend ses rameaux, pousse tout à la fois et toutes ses feuilles, et toutes ses fleurs, et tous ses fruits, et, en prenant les proportions d'un arbre géant, acquiert enfin des forces suffisantes pour résister, à l'avenir, aux orages du temps.

Quant à ce qui concerne l'histoire, toute conjecturale en grande partie encore, de l'Orient, nous aurons peu de chose à en dire ; dans la pénurie de documents où nous sommes sur cette phase importante de notre histoire, nous ne pouvons que former le vœu de voir un jour, et prochainement, nous le croyons, les laborieuses recherches entreprises récemment sur les antiquités orientales porter tous les fruits qu'elles semblent promettre, en nous gardant de prétendre suppléer complétement par des hypothèses, quelque séduisantes qu'elles soient, aux faits positifs qui nous manquent encore; mais quand nous en venons à la Grèce, c'est là que commence réellement notre travail d'historien. Sans doute ici encore nous devons regretter éternellement que si peu de documents sur ces sources de notre histoire soient venus jusqu'à nous : mais là cependant où se trouvent et les noms et les ouvrages d'Hippocrate, d'Hérodote et d'Aristote, une mine bien féconde s'entr'ouvre aux recherches de l'historien. Aussi, tout en nous gardant de retomber dans la prolixité de tant de commentateurs qui se sont plu à écrire des volumes sur des volumes, nous accorderons à l'étude des travaux de ces hommes toute l'importance qu'elle mérite, et nous espérons que l'interprétation que nous en tenterons, du point de vue de la science moderne, y fera découvrir de nouvelles beautés.

Après Aristote viendra Théophraste; car, bien que la partie des œuvres d'histoire naturelle de ce grand homme qui est parvenue jusqu'à nous ne concerne que la botanique, toutefois il y a, à l'époque dont nous nous occuperons alors, trop grande pénurie de documents pour que nous puissions négliger ce qui a été fait dans une science si voisine de celle dont nous devons plus particulièrement nous occuper, et à laquelle nous aurons plus tard tant de fois occasion de faire des emprunts.

Puis, pour ne citer que les grands noms, viendra Galien, l'un des fondateurs de l'anatomie et de la physiologie; Pline, que l'on a jugé trop sévèrement, parce qu'on a voulu le considérer uniquement comme naturaliste, mais qu'il ne serait pas juste cependant de réduire au rang de compilateur et de littérateur, car c'est souvent en philosophe de génie qu'il a traité des phénomènes naturels.

Toute la nuit du moyen âge se présentera ensuite à nous; mais, comme de cette nuit quelques éclairs ont jailli çà et là, nous n'hésiterons pas à pénétrer jusque dans le fond de ces ténèbres, dans l'espoir de concentrer toutes ces lueurs éparses pour en constituer une flamme d'un éclat assez vif pour pouvoir éclairer peut-être certaines parties de cette époque remarquable de notre histoire.

Nous aurons aussi en même temps à apprécier les efforts brillants, mais peu fructueux, tentés contemporainement par les Arabes.

Enfin la renaissance viendra, et alors devant cette multitude toujours croissante de matériaux qui s'accumulent de jour en jour, nous serons obligé de restreindre notre exposition ; et sans prétendre analyser tout ce qui a été fait, nous nous attacherons particulièrement à faire voir et la marche constamment progressive de la science, à partir de cette époque; et la signification, si je puis dire, de chacune de ses phases; et à partir du moment où elle a revêtu une réelle importance, l'influence exercée sur elle par la civilisation en général, l'influence de la constitution politique et religieuse en particulier; puis les constants envahissements de la science dans l'ordre philosophique, religieux et politique, etc. Ce serait vainement, en effet, que l'on prétendrait arriver à l'intelligence complète des progrès d'une science en séparant l'histoire de cette science de celle de la civilisation; ce serait commettre une erreur semblable à celle d'un physiologiste qui prétendrait acquérir une connaissance approfondie de l'accroissement d'une plante, tout en faisant abstraction entière du milieu au sein duquel elle se trouve plongée; entre ces choses diverses il y a action et réaction; tel progrès scientifique a été déterminé souvent par tel état correspondant de la civilisation; et on peut dire qu'en l'absence de Roger Bacon, l'histoire du moyen âge serait beaucoup plus inintelligible encore, de même que celle du dix-huitième siècle, en l'absence de F. Bacon. Nul doute, d'un autre côté, que la protestation de Luther n'ait puissamment contribué à faire entrer toutes les sciences dans des voies progressives; et s'il faut préciser par un exemple l'influence de la philosophie sur la science, nous rappellerons que toute l'école allemande découle de Descartes par Leibnitz; nous rappellerons que la création du calcul différentiel par Leibnitz est une découverte de la philosophie; et pour rester zoologiste, que Bonnet, en apportant le principe fécond de la hiérarchie des êtres, n'a fait que transporter dans les sciences naturelles le principe de la continuité de l'immortel Leibnitz. Ces données acquerront surtout de l'importance, quand nous arriverons à parler du siècle dernier.

Dans ce siècle, un fait intellectuel d'une portée immense, à notre avis, a eu lieu. On a vu les esprits, poussant jusqu'à l'excès le dédain de la métaphysique, prétendre fonder toute la connaissance humaine sur l'étude de la nature. Dans sa prétention exclusive, cette tendance était fausse, sans doute; mais qui ne sait que ce n'est que par exclusion que les choses prennent rang? Certes, ce sera toujours une belle époque que celle qui, se débarrassant des langes de la scolastique, doute avec Descartes, cherche avec Bacon, prophétise avec Keppler et Buffon, et trouve avec Newton, Pascal, Torricelli, Lavoisier et tant d'autres génies! mais, on le sait, ce n'est point dans le champ des sciences physiques et naturelles seulement que s'introduisit l'expérimentation; la psycologie elle-même tout entière lui fut soumise. Las de s'aventurer sans guide dans les espaces célestes, on se fit gloire de vivre d'une vie toute terrestre; et telle fut la tendance de ce siècle, que l'on qualifia d'esprit fort quiconque, avec quelques connaissances de géométrie élémentaire et des documents historiques tronqués, effaça, dans un trait de satire, toute l'histoire accomplie de l'humanité. Notre siècle a fait justice de ces excès, mais souvent, avec De Maistre, en tombant dans un excès contraire. En nous préservant de ce qu'il y a d'erroné dans la philosophie sensualiste du dix-huitième siècle, avec laquelle bien assez de lances ont été rompues (et ce sera la gloire de Cousin et de Jouffroy d'avoir marqué en France l'époque de réaction), gardons-nous de qualifier d'*esprits stupides* ceux qui, en lançant l'esprit public dans une voie nouvelle, ont, par cette impulsion, préparé la voie à des sciences jusqu'alors inconnues.

Telle est la phrénologie qu'il faut bien se décider enfin à examiner de près; tel est aussi le magnétisme, dont, aux yeux de certaines personnes, il peut être encore de bon goût de rire, mais qu'il est plus rationnel d'examiner.

Nous le ferons;

Et nous le ferons avec tout le soin qu'il

convient d'apporter aux choses qui ont de l'importance. Quant à la phrénologie, quelles que soient les erreurs de détail qui s'y rencontrent, il y a en elle des principes qu'il faut bien accepter ; et si ces principes sont vrais, il y a science, et dès lors la phrénologie a droit de cité au même titre que tant d'autres, que toutes les autres sciences. Pour le magnétisme, peut-être est-il en mesure de donner le mot de tant de questions historiques jusqu'à présent insolubles, ou plutôt de la solution desquelles on ne s'est guère précédemment mis en peine; qu'on a cru avoir suffisamment appréciées quand on en a eu fait l'objet d'un sarcasme; après que pendant longtemps on les eût fait découler directement de l'intervention divine.

Mais là ne se bornent point les questions entièrement neuves qui, tout récemment, ont été soulevées dans le cercle de notre sujet.

Désormais il sera impossible d'aborder avec fruit l'étude des êtres organisés sans avoir acquis préalablement des notions approfondies de physique. De toutes parts ce sont et des physiciens qui viennent jeter un jour inattendu sur des questions physiologiques, et des physiologistes qui s'en vont demander à la physique la solution de semblables questions. Sous cette tendance bien des progrès ont été réalisés; il est permis d'en espérer un plus grand nombre encore. Nous manquerions à la mission que nous nous sommes imposée si nous n'allions emprunter aux sciences physiques et mathématiques tous les documents qui peuvent jeter quelque jour sur les questions dont nous avons à nous occuper.

Et de même, et par suite du progrès de chacune des spécialités, ce sont, d'une part, des botanistes qui étendent jusque dans le cercle de la zoologie les inductions fournies par leurs études; d'autre part, des zoologistes qui se font botanistes pour éclairer les problèmes que soulève l'organisation des animaux.

La chimie organique enfin, qui de création si récente, a vu cependant déjà tant de beaux travaux, jette une clarté inattendue sur tous les problèmes physiologiques.

Nous aurons à recueillir tous les faits nouveaux que ces sciences ont apportés à la zoologie générale.

Voilà donc en quoi consistera la partie de cet ouvrage dont nous offrons aujourd'hui le premier volume au public; l'histoire des progrès de la science dans l'ordre même dans lequel ces progrès se sont opérés. Dans cette première partie, on le conçoit, nous ne mentionnerons pas, à beaucoup près, tous les travaux, même parmi les plus importants, dont les sciences se sont enrichies; nous proposant d'indiquer seulement la marche progressive de la science, nous nous bornons à étudier chaque époque, dans cette époque les hommes qui font école, et de chacun de ces hommes les ouvrages les plus importants, en même temps que les faits personnels qui, historiquement parlant, ont quelque intérêt, et cela pour n'y plus revenir; car, dans la partie qui suivra celle-ci, et où les faits seront repris méthodiquement, nous ferons abstraction et des hommes et des époques.

Alors nous reprenons méthodiquement les faits que, dans la partie qui précède, nous avons étudiés chronologiquement; cette première partie n'est plus, en quelque sorte, que préparatoire à la seconde; c'est comme l'introduction de cette dernière, beaucoup plus importante que celle-là. Ici, nous le répétons, nous ne faisons plus acception ni d'hommes ni d'époques, et l'ordre que nous nous appliquons à suivre est celui que la nature elle-même nous trace : ainsi, pour indiquer en quelques mots notre méthode, à l'origine des choses nous voyons dans le sein de l'UNITÉ ÉTERNELLE un fait de polarité se manifester : le pouvoir créateur et la création, Dieu et le monde, l'esprit et la matière; cette polarité, ce dualisme dans l'unité, nous avons à le suivre dans toutes ses manifestations et ses développements ultérieurs. Élaguant donc de cet immense problème ce qui appartient à un sujet plus vaste que le nôtre, et nous restreignant à notre rôle de naturaliste (qui même, du point de vue spécial de la zoologie, englobe déjà tous les êtres vivant à la surface de la terre, la terre elle-même; et, par conséquent, soulevant la question de l'origine de la terre, de la place qu'elle occupe dans le système des choses célestes, et nécessairement aussi des propriétés primaires de la matière), nous voici amené à rapporter et à coordonner tous les faits d'observation qui, dans l'ordre astronomique, physique et chimique, se rapportent à notre sujet ; le globe constitué, à en suivre le développement, puis à étudier, du moment de leur apparition, la création progressive et parallèle des êtres organisés, pour arriver à aborder enfin de front, à l'aide de ces données antérieurement acquises, la question zoologique proprement dite.

Sans nous arrêter davantage à développer ici un plan qu'indiqueront les volumes suivants, notons seulement, pour donner tout d'abord une idée exacte de l'ordre que nous adopterons, que nous nous occuperons dans la première section de cette seconde partie :

1°. Des rapports de la physique générale avec l'histoire naturelle ;

2°. De l'histoire naturelle générale ;

3°. Des rapports de la géologie avec les règnes de la nature ;

4°. De la minéralogie considérée dans ses rapports avec les végétaux et les animaux ;

5°. De la botanique dans ses rapports avec les animaux ;

Que la seconde section traitera :

1°. De la zoologie générale ;

2°. Des lois anatomiques, physiologiques et embryogéniques;

3°. Des lois de la zoologie proprement dite.

Que la troisième section traitera enfin de chaque spécialité considérée isolément.

On voit que l'ordre de nos chapitres sera pris dans la nature même. C'est là, sans doute, un véritable traité de philosophie naturelle, mais tout entier extrait de l'histoire même de la science, et à la construction duquel nous n'aurons concouru qu'en recueillant et coordonnant une multitude infinie d'observations éparses. Cette tâche accomplie, descendu jusqu'aux derniers rameaux des sciences, nous reprenons ensuite dans une quatrième partie, et réduisons à un petit nombre de considérations les matières précédentes, pour montrer comment, ainsi conçue, la zoologie, ou plutôt les sciences naturelles, expliquées par la physique, sont en mesure de donner les lois de l'histoire sociale, et de poser les fondements de la philosophie; considérations que nous appliquerons méthodiquement dans notre *Traité d'Anthropologie historique*.

La tâche que nous entreprenons est immense; peut-être aurait-elle besoin, pour être menée à bonne fin, de bienveillance et d'appui; nous ne nous attendons pas à en rencontrer. Dans notre siècle de haute philanthropie, où chacun déteste cordialement son voisin, où l'égoïsme est en pivotal, où l'individualisme le plus profond et l'exclusivisme le plus absolu font de chaque secte, de chaque école, de chaque individu, l'ennemi de toute autre secte, de toute école, de chacun; où l'arrogance d'un parvenu a force de loi; où la camaraderie règne en souveraine; où toutes les avenues sont fermées au débutant, s'il ne s'est pas prudemment muni d'un brevet de servilisme; celui que la recherche de la vérité guide seule n'a point de grâce à attendre; on sera sans pitié pour lui; mais qu'importe? Qu'a de commun avec le présent celui qui travaille en vue de l'avenir? Son existence? eh! qu'est-ce que cela pour quiconque a foi! Les palmes que la postérité décerne sont seules durables; et celui qui les brigue sait bien que c'est par l'abnégation de soi-même qu'on les obtient.

Pour nous, qui ne saurions certes pas concevoir l'espoir de ces magnifiques récompenses que la postérité décerne, mais auquel suffira l'approbation de notre conscience; pour nous qui serons heureux d'avoir attaché notre nom, ne fût-ce même qu'à la plus minime des pierres que le sol couvrira, et qui serviront d'assises à ce glorieux monument dont nos arrière-petits-neveux ne verront pas le faîte; si, dans la multitude des travaux que nous aurons à apprécier, des grandes disputes que nous aurons à dire, des questions palpitantes qu'il nous faudra traiter, nous rencontrons des cendres encore brûlantes, à chaque obstacle qui se dressera devant nous nous opposerons la foi qui les domine tous, un zèle ardent, un courage qui ne le cèdera à nul autre; car nous préférons la vérité à tout homme, fût-ce même Platon; et si nous ne concevons point qu'on capitule avec sa conscience, encore moins comprenons-nous que de mesquines considérations d'intérêt personnel puissent faire hésiter un instant celui qui a présent à l'esprit les intérêts bien autrement saints de l'humanité; et d'ailleurs, si une minime portion d'hommes, travaillant sans mission et sans but, lancent sur nous l'anathème, nous n'avons qu'à détourner les regards pour rencontrer l'ensemble des vrais penseurs, famille bien autrement nombreuse, et qui, loin de repousser quiconque sort d'une voie battue chaque jour par les passants, pour s'engager dans les champs inexplorés, lui crie courage! parce qu'elle prévoit bien que de ces nouvelles tentatives devra infailliblement jaillir quelque source nouvelle de bien-être pour l'humanité. Et lors même (et, Dieu merci, cela n'est pas), lors même que cet appui et ces consolations devraient manquer, « tout labeur consciencieux, dit l'illustre poëte et naturaliste Goëthe, finit par avoir son but et son résultat, quand même on ne les aperçoit pas de prime abord. Chaque peine est elle-même un résultat vivant qui nous fait avancer à notre insu, et devient utile sans que nous l'ayons prévu. »

Heureux donc, heureux si nous ne sommes point resté trop au-dessous du sujet que nous avons entrepris de traiter! heureux surtout si ce travail peut un jour contribuer, fût-ce pour la plus minime part, à élever un monument digne d'un si admirable sujet!

Rien de grand (répétons-le de nouveau en terminant) rien de grand ne s'accomplit sans sacrifice : le sauveur des hommes dut se résigner à porter sa croix, et quiconque veut bien mériter de l'humanité, doit dans son âme élever le dévouement au rang de religion. La condamnation de Dieu plane inexorablement sur la tête de l'homme, qu'il marche! qu'il marche, dévoré par le vautour de la pensée, vers ce but dont il a soif, et qui se retire incessamment de ses lèvres, jusqu'à ce qu'un jour enfin son œuvre s'anime, et que les cieux s'entr'ouvrent devant lui.

Arrière donc, arrière à ceux dont l'hypocrite respect invoque les grands noms pour arrêter les novateurs ! arrière à ceux qui, dans quelque voie que ce soit, prétendent arrêter la pensée humaine dans le cercle du présent! arrière à ces intérêts mesquins qui suscitent à chaque pas de nouvelles entraves; place à l'humanité!

FIN.

# ERRATA.

Page 33, ligne 2, *au lieu de* connaîtrez, *lisez* reconnaîtriez.
— 33, — 6, *effacez* non-seulement de foi, et *lisez* l'absence de toute vue d'ensemble, etc.
— 35, — 19, *au lieu de* christianisme, *lisez* catholicisme.
— 36, — 2, — — —
— 49, — 22, *effacez* et la Biographie.
— 50, — 8, *au lieu de* de quel autre criterium, *lisez* de quel criterium.
— 53, — 1, *au lieu de* celle-ci, *lisez* celles-ci.
— 64, — 3, *au lieu de* ils les auront inspirés, ils..., *lisez* elles les auront inspirés, elles....
— 64, — 5, *au lieu de* d'eux, *lisez* d'elles.
— 251, — 1, *au lieu de* contemplera, *lisez* centuplera.